# Ein Beitrag zur Seidenbaufrage mit Untersuchungen über Zerreißfestigkeit sowie Unterscheidung von Seide und Kunstseide

Von der Technischen Hochschule München
zur Erlangung der Würde
eines Doktors der Technischen Wissenschaften
genehmigte

## Abhandlung.

Vorgelegt von

Dipl.-Landwirt **Walter Rudolf de Greiff**
aus Krefeld.

Berichterstatter: Professor Dr. phil. Heinz Henseler.
Mitberichterstatter: Geh. Regierungsrat Professor Dr. phil. Theodor Henkel.

Tag der Einreichung der Arbeit: 23. II. 1927.
Tag der Annahme der Arbeit: 25. II. 1927.

---

Verlagsbuchhandlung Julius Springer. Berlin 1929

ISBN-13:978-3-642-89772-6 e-ISBN-13:978-3-642-91629-8
DOI: 10.1007/978-3-642-91629-8

Vorliegende Arbeit verdanke ich meinem verehrten Lehrer Herrn Professor Dr. Heinz Henseler, der mir die Anregung zu dieser Arbeit gab, mich jederzeit mit Rat und Tat unterstützte, und der mir die sämtlichen Einrichtungen und Apparate des Instituts für Tierzucht- und Züchtungsbiologie an der technischen Hochschule zur Verfügung stellte. Ich danke ihm hiermit ergebenst für die stetige Hilfe.

Bei der Durchführung der Arbeit unterstützten mich in liebenswürdiger Weise Herr Direktor Königs von der Seidentrocknungsanstalt Krefeld, das Textilforschungsinstitut Dresden, in welchem die Reißfestigkeits- und Dehnungsversuche durch die Liebenswürdigkeit des Leiters, Herrn Prof. Krais, und seiner Mitarbeiter ermöglicht wurden, der Verein deutscher Seidenwebereien, besonders die Herren Dr. Raemisch und Dr. v. Hofacker, fernerhin Herr Dr. Wagner von der Färbereischule Krefeld, die Leiter der Seidentrocknungsanstalten von Mailand und Zürich, und viele andere, die ich nicht alle einzeln erwähnen kann, welchen ich allen an dieser Stelle meinen ergebensten Dank aussprechen möchte.

# Inhalt.

# I. Einführung.

## Erklärung einiger Grundbegriffe. Begriff des Haustieres.

In Urzeiten lebte der Mensch als Jäger. Um seine Bedürfnisse an Nahrung und Kleidung erfüllen zu können, tötete er mittels seiner primitiven Waffen ein Tier, benutzte sein Fleisch als Nahrungsmittel und fertigte sich aus den getrockneten, erst noch ungegerbten, später gegerbten Häuten Hüllen an, die ihn gegen Kälte schützten. Der Reichtum an Wild ließ ihn meist an einem Orte bleiben. Auf der Jagd fand er soeben abgesetzte Tiere vor, die er leicht fangen konnte, nachdem die Elterntiere getötet waren. Diese Jungtiere zog er auf, wahrscheinlich erst aus Spielerei, dann aber, nachdem er den Wert einer Aufzucht erkannte, mit Bewußtsein. Das Tier gab ihm Milch und Fleisch, Leder und Fett. Er brauchte nicht mehr die oft recht gefahrvolle Jagd auszuüben. Alles, was er benötigte, wurde ihm durch seine Tiere geliefert. Wie sich das Verhältnis ehemals abspielte können wir nicht mehr verfolgen. Man kann nicht sagen, in diesem oder jenem Lande wurde ein Tier seines Fleisches oder Fettes wegen zum ersten Male gezüchtet. Die alten Steinmalereien sind dafür äußerst lehrreich. Im Anfang begegnet man den Menschen nur in feindlicher Stellung dem Tiere gegenüber, während auf späteren Zeichnungen schon deutlich ein friedliches Verhältnis zu sehen ist. Die Tiere gewöhnten sich daran, den Menschen zu erblicken und durch ihn Nahrung zu erhalten. Dieser Zustand der Zähmung (Domestikation)[1]) entspricht der Nomadenzeit. Sobald ein ergiebiges Landstück abgegrast war, zog der Mensch weiter, nahm einige Tiere mit sich, das Gros der Herde folgte ihm zu dem neuen Futterplatz, der frisches Futter in reichlicher Menge bot. Man schlug die Hütten und Zelte auf, lebte der Überwachung der Tiere, wie auch der Verteidigung des Landstückes gegen Nebenbuhler. Das Nomaden-

---

[1]) Zähmung (Gewöhnung).

leben war vielfach der Anlaß kleiner privater Steitigkeiten, die aber mit zunehmender Bevölkerung und damit verbundener Beschränkung der vorhandenen Weideflächen zu größeren Kämpfen bis zu Stammkriegen führten.

Als das Land verteilt war, baute der Mensch an einem ihm zusagenden oder auch zugewiesenen Platz seine Hütte, sein Haus auf. Er wurde seßhaft, und damit beginnt der zweite Abschnitt in der Haustierwerdung. Der Mensch umfriedet seine Herde, baut Hütten für das Vieh, übernimmt die Futterfrage allein, d. h. er teilt jedem Haupt das nötige Futter zu, und er treibt Zucht durch Auswahl der männlichen und weiblichen Tiere. Das war das Beispiel der Haustierwerdung des Rindes. In analoger Weise geschah es mit den übrigen Tieren des Tierreiches, die heute unter den großen Begriff „Haustier" fallen. Wir sehen die Zähmung des Elefanten, des Ren, des Schweines u. a. m.

Eine Erklärung, was ein Haustier ist, gibt Wilkens,[2]) die ich hier wörtlich anführe: „Die dem Menschen nützlichen und wirtschaftlich verwendbaren Tiere, die sich unter seinem Einfluß regelmäßig fortpflanzen und der künstlichen Züchtung unterworfen sind, sind Haustiere oder sie können zu Haustieren werden." Man müßte heutzutage unter Haustier jedes Tier verstehen, dessen Lebensbedingungen vom Menschen beeinflußt werden. Tiere können ihre Eigenschaften als Haustier verlieren. Erinnert sei an den Falken, der zweifellos ehemals ein Haustier der adeligen Besitzungen war. Auch Völkerbräuche sind dafür entscheidend, was unter Haustier zu verstehen ist. Eine Schlange als Haustier in Europa zu bezeichnen, dürfte nicht angebracht sein, in Indien dagegen wohl, wo sie in rattenverseuchten Bezirken die Stelle unserer Hauskatze einnimmt, allgemein geachtet, ja unter Umständen heilig ist. Es ist eigentümlich, daß bisher die Seidenraupe selten als Haustier angesprochen wurde und heute noch angesprochen wird, obwohl sie seit mehr als 3000 Jahren gezüchtet wird.

---

[2]) „Grundzüge" der Naturgeschichte der Haustiere, 2. Aufl. Leipzig 1905.

# II. Die Seidenraupe.

## 1. Zoologische Erklärung.

Unter der Seidenraupe[1]) versteht man die Larven der Gattung Nachtschmetterlinge, Lepidoptera nocturna, genauer der Familien Saturnidae und Bombycidae, deren erste alle Seide produzieren, während dies bei den Bombyciden nicht zutrifft. Beide Familien gehören der Gruppe Bombycina an, diese der Gattung Lepidoptera, diese der Klasse der Insekten.

Das Leben der Seidenspinner ist folgendes: Aus dem Ei[2]) entwickelt sich nach ca. 15 Tagen die Raupe (Seidenwurm), die keinerlei geschlechtliche Merkmale aufweist. Jedoch hat der Wurm sonst sämtliche Organe der fertigen Raupe. Die Hautfarbe ist nach dem Schlüpfen bedeutend schwärzlicher als bei der Spinnreife[3]) bei welcher das Tier nahezu weiß mit einigen Flecken ist. Der Körper besteht aus 12 Ringen, die 3 vor-

---

[1]) Im allgemeinen versteht man unter Seidenraupe die Larve von Sericaria (Bombyx) mori.

In vorliegender Schrift erscheinen folgende Worte: „Seidenkultur", „Seidenbau", „Seidenzucht", „Seidenzüchter", die in Laienkreisen Anlaß zu Mißverständnissen geben können. Die vier Worte sind übernommen aus dem Italienischen und bedeuten, daß Seidenraupen aufgezogen und somit Kokons gewonnen werden.

„Seidenzucht" = Seidenraupenzucht. Es wird nicht gezüchtet, sondern aufgezogen. Die Zucht findet nur in staatlichen oder privaten Eierproduktionsanstalten statt.

Das Wort „Seidenbau" wird meist von den Landwirten gebraucht, da in ihrer Anbaufläche ein gewisser Prozentsatz Maulbeerbäume angepflanzt sind.

„Seidenkultur" umfaßt Erzeugung, Verarbeitung und Konsum der Seide.

„Samen" ist die Bezeichnung für Seidenraupeneier. Das Wort stammt ebenfalls aus dem Italienischen und ist in der deutschen Seidenraupenzüchtersprache allgemein angenommen.

[2]) Nach Überwinterung.

[3]) Spinnreife. Nach ca. 26—30 Tagen. Erkennungsmerkmale: Die Raupe frißt wenig, sieht durchscheinend aus, läuft unruhig hin und her und verliert dünne Seidenfäden.

dersten hinter dem mit Chitin bekleideten Kopf bilden den Rumpf, die folgenden 9 den Leib. Auf jedem außer dem zweiten, dritten und zwölften Ring sind Atemöffnungen (Stigmata). An dem ersten, zweiten und dritten sitzen die echten, am sechsten, siebenten, achten, neunten und zwölften Ring die Schein- oder Afterfüße. Auf dem Rücken läuft ein Blutgefäß vom Kopf bis zu dem am elften Ring sitzenden, nach hinten abstehenden Horn. An dem kräftigen Puls, d. h. dem gut sichtbaren Ausdehnen und Zusammenziehen des Rückengefäßes, ist der Gesundheitszustand der Raupe gut zu erkennen. Je stärker die Ausdehnung und Zusammenziehung ist, um so gesunder ist die Raupe [4]). Nachdem die Raupe nach vier Häutungen [5]) in etwa 26—30 Tagen ausgewachsen ist, spinnt sie sich ein, indem sie aus ihren Spinndrüsen ein an der Luft sofort erstarrendes Sekret absondert, welches sie in Form einer Eichel um sich herumschlingt. Von der Regelmäßigkeit dieser Schlingen hängt der Wert eines Kokons ab. Einige Tiere fabrizieren infolge reichlicher Bastabsonderung [6]) so harte Puppenhüllen, daß ein Haspelprozeß [7]) trotz stärksten Aufweichens unmöglich ist. Andere lassen an der Spitze des Kokons ein Loch, durch welches der Haspelprozeß infolge Eindringens von Wasser erschwert oder vereitelt wird. (Diese Seidenwürmer werden nicht planmäßig gezüchtet.)

Nachdem der Kokon fertiggestellt ist, springt nach 5—8 Tagen die Haut der Raupe auf [8]) und die fertige Puppe

---

[4]) Vgl. Gebbing, Seidenraupenzucht S. 77 ff.

[5]) „Häutungen", volkstümlich „Schlaf" genannt wegen der starren Ruhe. Sie treten ein das erstemal 5 Tage nach der Geburt, das zweitemal 4 Tage nach der 1. Häutung, das drittemal 6 Tage nach der 2. Häutung, das viertemal 7 Tage nach der 3. Häutung, das fünftemal 10 Tage nach der 4. Häutung.

[6]) „Bastabsonderung". Ein Kokonfaden besteht aus zwei Fibroinfäden (Eiweiß), welche von einer Klebemasse, Serizin genannt, einzeln umgeben sind und durch die gleiche Masse zusammengeklebt sind. Die Serizinhülle nennt man „Bast".

[7]) Die Seide gewinnt man nach zwei Methoden: 1. dem Haspelprozeß, 2. dem Spinnprozeß. Der erste Prozeß kann verglichen werden mit dem Abwickeln eines Bindfadens vom Knäuel, wobei der Kokon das Knäuel, der Seidenfaden den ununterbrochenen Bindfaden darstellt. Beim Spinnprozeß ist ein Vergleich mit dem Spinnen von Schafwolle zu ziehen. Kokons, die sich nicht zum Haspeln mehr eignen, werden vollkommen zerrissen und nach vielen vorhergehenden Prozessen in der Art der Strickwolle gesponnen.

[8]) 5. Häutung.

liegt in der Hülle. Nach 12—30 Tagen (bei kühler Temperatur lagert das Tier länger) schlüpft der Falter aus und spritzt seinen alkalischen Magensaft, der ca. 50% Harnsäure[9]) enthält, gegen die Kokonwand. Dadurch löst sich die verbindende Leimsubstanz und die einzelnen Fäden werden von dem Falter beiseite geschoben (nicht zerfressen, wie man oft liest). Nach genügender Erweiterung schlüpft der Falter aus der beengenden Hülle und seine Flügel wachsen zusehends in wenigen Stunden zur vollen Größe. Die Paarung des Falters geschieht bei einigen Rassen sehr leicht, andere verlangen bestimmte Voraussetzungen[10]) bezüglich Tageszeit, Licht und Temperatur. Die Begattung dauert normalerweise eine Stunde, in den künstlichen Zuchten läßt man die Tiere noch länger zusammen[11]).

Ungefähr 10 Stunden nach der Begattung legt das Weibchen 400—500 Eier. Theoretisch müßte die Zahl größer sein, da 8 Eierstöcke mit je 80 Eiern vorhanden sind. Die Falter nehmen während ihres Lebens keinerlei Nahrung zu sich. Je heißer die Temperatur und je trockener die Luft ist, um so eher sterben die Tiere. Die Gesamtlebensdauer im Falterzustande beträgt wenige Stunden bis mehrere Tage. Je nach der Rasse schlüpfen die abgelegten Eier bald[12]) aus, oder sie machen eine durch das Klima bedingte Ruhezeit durch. Das Auskriechen der italienischen Rassen geschieht im Frühling des nächsten Jahres, kann jedoch durch das Eingreifen des Menschen beschleunigt bzw. verlangsamt werden. Bei der Aufzucht der Raupen komme ich darauf zurück.

Professor Seitz[13]) beschreibt ca. 50 Seidenwürmer, von denen 4 bedeutend für die Seidenerzeugung der Welt sind. Es sind dies:

1. Sericaria (Bombyx mori) Maulbeerspinner, Hauptanteil der Weltseidenproduktion;
2. Antheraea pernyi liefert die bräunliche Tussahseide[14]);

---

[9]) Harnsäure 56,83%, Kali, Natron, Magnesia, Kohlensäure, Schwefelsäure 21,05%, Schleim und Farbstoff 21,11%.

[10]) Manche Arten paaren sich nur in gedämpftem Licht, manche nur in frühen Morgenstunden.

[11]) Je länger die Begattung dauert, umso kräftiger sind die Eier.

[12]) Entweder nach 15—20 Tagen infolge äußerer Beeinflussung (Bürsten, Säurebehandlung), oder sie überwintern, d. h. in Ländern, welche eine kalte Jahreszeit haben. In heißen Ländern erzeugt man eine künstliche Wintertemperatur, um das Auskriechen in eine Zeit der Blättervegetation zu legen.

[13]) Die Seidenzucht in Deutschland, Stuttgart 1918.

[14]) „Tussah“ ist die Bezeichnung für Wildseide.

3. Antheraea yamamai liefert die sogenannte wilde Japanseide (geht unter „Tussah");
4. Philosamia walkeri, Götterbaumspinner, liefert die „Erieseide".

Der Maulbeerspinner liefert, wie erwähnt, den Hauptanteil der Seide. Es gibt sehr viele Rassen, die zum Teil geographische Rassen sind. Nach Silbermann[15]) war die alte Unterscheidung die in weiße und gelbe Spinner. Die weißen waren in der Hauptsache in Westasien, die gelblichen, bis ins Grüne gehenden in Ostasien[16]) zu finden. Doch ist es heute ganz unmöglich anzugeben, von welcher Ursprungsrasse die heute gebräuchlichsten Rassen abstammen. Umfangreiche Untersuchungen an den Insektenhäusern in Amsterdam, London und Frankfurt am Main ergaben, daß die Kokonfarbe variiert nach der Nahrung[17]), dem Klima, ja unter Umständen nach der Temperatur. Manche Rassen paaren sich außerordentlich gut untereinander, manche dagegen nur mit Vertretern der Spezialrassen, von diesen manche, wenigstens im Zuchtlokal, mit sich selbst äußerst schwer. In Europa kennt man nur eine Kokonernte (versuchsweise zwei Ernten), im fernen Osten dagegen bis sechs Ernten. Wie verschieden die von einer Ursprungsrasse stammenden chinesischen, bzw. japanischen und italienischen Rassen sind, erkennt man schon an der Größe der Eier. Bei den italienischen Rassen gehen auf 1 Unze (30 g) 42000—43000 Eier, bei den japanischen 53000—54000.

## 2. Die wilden Seiden[18]).

Die wilden Spinner werden nicht in Räumen gezüchtet, sondern leben in Eichenwäldern[19]), in naturwildem Zustand[20]). Besonders geschätzte Arten hält man „halbwild" unter Menschenschutz, d. h. in den Waldungen befinden sich in bestimmten Zwischenräumen Wachttürme. Auf diesen sitzen von Sonnenaufgang bis Sonnenuntergang Wächter, die mit Knallbüchsen und Lärmapparaten einfallende Vögel vertreiben. Die Kokons der wilden Seidenspinner wurden schon zu Seidengarnen versponnen, als man allgemein noch keine Ahnung von einer geregelten Seiden-

[15]) Silbermann, Die Seide, Leipzig 1897, Bd. 1 S. 243—247.

[16]) Japanische Rassen zeigen heute oft noch einen grünlichen Schimmer.

[17]) Silbermann, Die Seide Bd. 1 S. 173.

[18]) Ebenda Bd. 1 S. 279—333; Schultze, Die wichtigsten Seidenspinner Afrikas, Krefeld.

[19]) Die Hauptnahrung der Tussahspinner ist Eichenlaub.

kultur, geschweige denn von einem geregelten Haspelprozesse hatte. Die wilden Kokons unterscheiden sich von denen der kultivierten Rassen durch Unregelmäßigkeit. Manche Arten flechten Zweige und Blätter in das Gespinst, wie wir dies bei europäischen Arten oft beobachten können. Wilde Seiden sind stets dunkel gefärbt [21]). Dieser Nachteil läßt sich nicht durch Abkochen, wie bei der echten Seide, beheben, sondern nur durch einen umfangreichen Bleichprozeß [22]). Gegen Färben verhalten sich die dunklen Stränge sehr beharrlich. Die Faser ist stärker abgeplattet als beim Faden des Maulbeerspinners. Dadurch entsteht beim Färben eines fertigen Gewebes keine volle „Deckung“ (kein einheitlicher Farbton). Da die Eingeborenen oft die Kokons anderer Spinner dazwischen mengen, die sich wiederum anders verhalten als die gebräuchlichen Arten der wilden Seiden, so leidet die Gleichmäßigkeit des in den Handel gelangenden Materials erheblich.

Die Vorteile der wilden Seide sind größere Dauerhaftigkeit, stärkerer Faden und Leimlosigkeit [23]). Der Preis ist geringer, da keine Häuserzüchtung nötig ist. Im Handel bezeichnet man die wilden Seiden kurzerhand mit Tussah [24]). Chinesische Tussah stammt von Antheraea pernyi, die indische Tussahseide von Antheraea mylitta. Die chinesische Tussah ist dunkler und hat weniger Glanz, ist daher auch billiger als die indische. Die indische kommt fast nicht in den Handel, da sie im Eigenkonsum des Landes verwandt wird. Gebräuchlicher ist die chinesische auf internationalen Plätzen.

In China sind die Haupt-Tussah-Provinzen die Mandschurei, Chefoo und Newschang. Im Frühjahr und im Herbst fällt je eine Ernte an. Die Schlupfzeit der Herbstkokons fällt in den

---

[20]) Die wilden Spinner sind nicht an eine Nährpflanze gebunden, sondern fressen Blätter verschiedener Pflanzen. Attacus atlas, einer der größten Schmetterlinge der Erde, frißt beispielsweise in Kumaon gerne die Blätter von Berberis asiatica, in Mussorien verschmäht er dagegen diese Pflanze vollständig. Genaue Angaben über die Nahrung der wilden Seidenspinner sind daher nicht zu machen.

[21]) Die helle Farbe unserer heutigen Bombyx-Kokons wird vielfach als Degenerationserscheinung angesehen.

[22]) Silbermann, Die Seide Bd. 2 S. 263 ff.

[23]) Es gehen nicht bis 25 Gewichtsprozente durch Entfernen des Serizins verloren.

[24]) Der Anteil der Tussahseiden im Seidenhandel beträgt für Europa nur 1—2 %.

Mai wegen der strengen Kälte vorher. Die Eichenbüsche werden alle 5—6 Jahre gefällt, damit man möglichst zarte Triebe erhält. Nach der ersten Häutung werden die Raupen auf die Büsche gesetzt und suchen sich ihr Futter selbst. Nach 50—60 Tagen, vom Schlüpfen an gerechnet, puppen sie sich ein. Die Kokons der Frühjahrsernte sind seidiger, feiner und heller, aber geringer an Seidenquantität. Die Herbsternte bleibt für die Ausfuhr vorbehalten. Die Frühlingsbrut schlüpft Ende Juli/Anfang August. Die Falter werden an den Eichenbüschen festgebunden, legen die Eier an die Blätter, und nach 5—6 Tagen schlüpfen die kleinen Raupen aus[25]).

Der Antheraea mylitta liefert in wildem Zustande eine Ernte, halbwild drei Ernten. Die Ernten verschiedener Tussahrassen werden von den Eingeborenen leider untereinander gemischt. In Indien werden die Kokons nach Stück verkauft. Das Abtöten geschieht in Erdgruben mit Wasserdampf. Nur Greise und alte Frauen dürfen dies Geschäft verrichten, da nach der Religionsart der Gott des Lichtes die Tötung der Puppen mit Sterilität und vorzeitigem Tode bestraft.

Die Kokons werden mit Kuhmist und Holz, bzw. Pottasche aufgelöst und mit der Hand abgewickelt[26]). Daher ist die in Indien gewonnene Tussahseide meist stark verunreinigt und hat einen üblen Geruch. Die nach europäischem Muster gehaspelten Seiden sind reiner und haben ihren Glanz behalten. Nach Europa gelangende Kokons werden meist versponnen.

Eine erstklassige wilde Seide bildet der erwähnte Antheraea yamamai. Das Produkt ist der echten Seide am ähnlichsten, der Faden glatt und glänzend, der Kokon regelmäßig gesponnen, blaßgrün, leicht abzuhaspeln und ohne weiteren Prozeß zu verweben. Die Verwendung dieser Seide in Europa ist jedoch eine beschränkte, weil sie sich unregelmäßig färben läßt. In Indien kommt noch weiterhin der Antheraea assama vor, welcher halbwild gezogen wird. Das Hauptverbreitungsgebiet ist Assam. Dieser Spinner geht auch unter dem Namen Mugaspinner. Er lebt auf verschiedenen Pflanzen und liefert je nach der Nahrung bräunliche bis fast weiße Seide. Es gibt 3—5 Generationen

---

[25]) Nur bei den wilden Spinnern. Bei allen Bombyx-Faltern dauert die Zucht bis zum Schlüpfen der Eier etwa 30—40 Tage.

[26]) In der Seidentrocknungsanstalt Mailand befinden sich verschiedene Sammlungsstücke von Tussahseide. Man kann an den Knäulen noch genau die Fingerhaltung der abhaspelnden Person erkennen.

pro Jahr. Mugaseide widersteht dem Waschen sehr gut, ist in der ganzen Struktur von größter Festigkeit, nimmt Farbstoffe sehr gut und gleichmäßig an und verhält sich fast ebenso wie echte Seide.

Außer diesen haspelbaren Seiden gibt es noch solche, die nur versponnen werden können [27]). Von diesen ist der Rhizinusspinner besonders erwähnenswert, weil er die wertvolle Erieseide liefert. Die in Assam lebenden Arten liefern weiße, das übrige Indien gefärbte Seiden. Erieseide kommt für den Welthandel kaum in Frage, da sie meist schon im Produktionsland verarbeitet wird. Die aus Erieseide hergestellten Gewebe sind fast unzerstörbar.

Nahe verwandt ist der Aylanthus-Spinner Asiens, dessen Zucht man in Europa mit bestem Erfolg versucht hat. Man züchtet diesen Spinner in ganz Nordchina und einem Teil Indiens mit vieler Sorgfalt. Der Kokon hat ein Loch, trotzdem ist der Faden ununterbrochen.

Eine wertvolle Seide ist auch die Fagaraseide, sie stammt vom Attacus-Atlas, einem der größten Schmetterlinge der Erde. Die Raupe lebt auf verschiedenen Pflanzen, daher sind die bis 120 mm langen Kokons verschieden gefärbt. Das Gespinst ist an beiden Seiten offen und in Blätter gewickelt. Aus diesem Grunde ist es kaum möglich, die Kokons zu haspeln, jedoch eignet sich das Produkt vorzüglich zum Verspinnen.

In Mexiko gibt es noch gesellige Raupenarten, welche bis 75 cm große, hängemattenartige Gespinste anfertigen, welche zum Teil versponnen werden können. Lokale Bedeutung haben noch verschiedene andere Spinner.

Wenn im vorstehenden gesagt wurde, daß ein Kokon nicht haspelbar ist, so ist dies dahin zu berichtigen, daß es der modernen Technik mehr und mehr gelingt, auch sehr verzwickte und ineinander gesponnene Kokons abzuhaspeln.

Die Wildseide (Tussah) spielt im Verhältnis zur echten für den Welthandel eine ganz untergeordnete Rolle. Durch die Jahresberichte der verschiedenen Seidentrocknungsanstalten [28]) erhält man ein genaues Bild, was nach Europa gelangte. Danach ist der europäische Anteil der Tussahseide ein bis höchstens zwei Prozent des Gesamt-Seidenverbrauches.

---

[27]) Vgl. Anm. 7 S. 4.

[28]) Amtliche Institute, welche Seide auf sämtliche Eigenschaften untersuchen.

## 3. Lebensbedingungen des Bombyx mori.

Die Bedingungen zum Gedeihen des Seidenspinners (Bombyx mori) sind: eine mittlere Wärme von ca. 21° C, gedämpftes Licht, gute Luft, freie Bewegungsmöglichkeit, reichliches Futter und Reinlichkeit. Die Eier des Spinners werden nach Unzen[29]) gehandelt, entweder noch als Eier, oder schon im geschlüpften Zustand. Der Vorteil ersterer Art ist der leichtere Transport, der Vorteil der zweiten Art ist, daß die Seidenzüchter nicht mehr das schwierige Geschäft des Ausbrütens besorgen müssen. Die Temperaturen des Ausbrütens sind: im Beginn 12—14° C mit einer täglich geringen Steigerung von etwa 0.7—1.0° C, bis etwa in 12—14 Tagen 24° C erreicht sind. In ca. 30—40 Tagen kommen die kleinen Räupchen aus. Das Brutgeschäft kann nach drei Methoden abgekürzt werden:

1. mechanisch, durch Bürsten der Eier,
2. chemisch durch Säurebehandlung (Salz- oder Schwefelsäure, sehr große Sachkenntnis erforderlich[30])),
3. elektrisch.

Sämtliche Methoden haben bei genauem Arbeiten gewisse Erfolge, die elektrische ist nach Gebbing[31]) die beste. Die Behandlung der jungen Raupen muß sehr vorsichtig sein. Der verhältnismäßig hohe Abgang liegt zum großen Teil an dem kaum zu vermeidenden Zerquetschen beim Bettenwechsel[32]) und Verlust durch Wegwerfen[33]). Die Fütterung im ersten Abschnitt muß pro 24 Stunden 10—12 mal erfolgen. Nach Gebbing wird gefüttert pro Unze in dem:

| | | | |
|---|---|---|---|
| 1. Abschnitt | 12 mal, | Futterverbrauch ca. | 4—6 kg |
| 2. „ | 8—9 „ | „ | „ 13—18 „ |

[29]) Früher war die Unze ein Maß von 25 g, heute von 30 g.

[30]) Vgl. Gebbing, Seidenraupenzucht S. 45.

[31]) Vgl. Silbermann, Die Seide Bd. 1 S. 175.

[32]) Auf einer Hürde wird Laub aufgeschüttet, welches die Raupen fressen sollen. Dieses Laub bleibt aber zum Teil liegen, da die Tiere beim Kriechen ihren Kot absetzen und die einmal verunreinigten Blätter verschmäht werden. Da sich mit jeder Mahlzeit die Blattmasse vermehrt, muß die Hürde gesäubert werden. Das wird so angestellt, daß zunächst frisches Laub aufgeschüttet wird, auf welches die Raupen kriechen. Sodann hebt man die frischen Blätter mit den daraufsitzenden Raupen hoch und entfernt die untenliegenden Blattmassen. Nach Säuberung setzt man die Raupen mit den Blättern wieder auf die Hürde.

[33]) Die schwärzlichen Räupchen sind auf dem Laub schwer zu erkennen.

Vollwüchsiger 50jähriger Maulbeerbaum in der Gegend von Magenta.

150jähriger Maulbeerbaum im Maisfeld. Die beiden vorderen Reihen sind entlaubt nach dem Pflücksystem.

Maulbeerbaum-Plantage auf einer Wiese. Die drei vordersten Bäume der mittleren Reihe sind entlaubt nach dem Kappsystem, aber schon wieder ausgeschlagen. Wenn alle Bäume ihres ersten Laubes beraubt sind, bieten die nachwachsenden Triebe eine Zeitlang Futter.

| | | | |
|---|---|---|---|
| 3. Abschnitt | 8—10 mal, | Futterverbrauch | ca. 45—55 kg |
| 4. „ | 6—8 „ | „ | „ 130—150 „ |
| 5. „ | 9—10 „ | „ | „ 700—800[34]) kg |

In Italien habe ich die Erfahrung gemacht, daß die Zahl der Fütterungen nicht mit der in der Literatur erwähnten Angabe übereinstimmt. Die Raupen wurden gefüttert 5—8 mal am Tage, je nach der Frische des Laubes und dem Hunger der Raupen. Zu Ende der Zucht manchmal bedeutend öfter[35]). Das in der Literatur erwähnte „regelmäßige" Umbetten ließ in bezug auf Regelmäßigkeit sehr zu wünschen übrig. — Es ist zweifellos von großem Nutzen, wenn die Laubmassen nicht die Höhe von 2 cm überschreiten. Tatsache jedoch ist, daß ich Betten fand mit 4, 6, ja 8 cm zum Teil schon absolut schlecht gewordener Blattmassen. Daß solche faulenden Blätterhaufen Seuchenkulturen gefährlichster Art sein können, liegt auf der Hand.

Eine wichtige Bedingung für die erfolgreiche Durchführung der Zucht ist die Beschaffenheit des Laubes. Feuchte Blätter können eine Zucht in wenigen Tagen zugrunde richten. Man läßt vor der Fütterung nasse Blätter trocken werden, d. h. alles den Blättern anhaftende Wasser wird entfernt. Die Trocknung geschieht ohne direkte Sonnenbestrahlung, da andernfalls die Blätter zu leicht welk werden. Beschmutzte oder gefrorene Blätter werden selbst bei ziemlich großem Hunger der Raupe verschmäht. Ich versuchte mehrmals die Tiere zu täuschen, indem ich die frostbeschädigten, braunen Ränder an den Blättern entfernte. Auch dann nahm die Raupe die Blätter nicht an. Es scheinen feine chemische Saftumsetzungen beim Gefrieren einzutreten (Plasmolyse), die von der empfindlichen Raupe sogleich bemerkt werden.

Die Blätter werden im Anfang der Zucht in feine Streifchen geschnitten. Nach und nach gibt man ganze Blätter und kleine abgestreifte Zweige. Sind letztere bei üppigem Laube zu lang, werden sie in 10—15 cm große Stücke auf einer Art Strohschneider geschnitten. Dies Zerschneiden geschieht aber nur zum Zwecke der besseren Verteilung des Laubes auf den Betten.

Die Aufzucht kann man in zwei Methoden einteilen:

---

[34]) Gebbing, Seidenraupenzucht S. 69 ff.

[35]) Maas, Bemerkungen zur Einführung der Seidenzucht in Deutschland, Berlin (Paul Parey-Verlag) 1916.

1. auf wagerechten Hürden mit abgestreiftem Laub,
2. auf zeltähnlichen Gestellen mit ganzen Zweigen.

Zwischen 1 und 2 gibt es noch viele Methoden, welche lokale Bedeutung haben. Auf die einzelnen Zuchtsysteme komme ich bei Erwähnung der italienischen Seidenzucht (Abschnitt Italien) zurück.

Für jedes höhere Lebewesen ist die Atmung sehr wichtig. Je mehr Individuen in einem Raume sind, umso schneller muß der Luftwechsel eintreten können. Silbermann[36]) gibt an, daß 30000 Raupen in 24 Stunden an frischer Luft benötigen in der:

| | | |
|---|---|---|
| 1. Periode | 104 | cbm |
| 2. „ | 390 | „ |
| 3. „ | 866 | „ |
| 4. „ | 2080 | „ |
| 5. „ | 8736 | „ . |

Bezüglich der Lüftung stellte ich bei fast allen besichtigten Zuchten fest, daß die Ventilation äußerst schlecht war. In manchem Raum konnte man wegen des starken Rauches[37]) kaum atmen. Die Tiere waren in diesen Zuchten viel schlechter im Wachstum als in gut ventilierten Zuchten. Daß die Raupen empfindlich gegen verbrauchte Luft sind, erkennt man, wenn man ohne Druck die Tiere leicht anhaucht. Sie zucken zusammen und versuchen, aus dieser Dunstatmosphäre[38]) herauszukommen. Ein anderer, einwandfreierer Versuch ist das Überstülpen eines Glases mit verbrauchter Luft. Die so behandelten Tiere nehmen die Stellung der schlafenden Raupe an (Häutungsperiode), verharren nach kurzem, starken Kopfwerfen regungslos, um erst nach Entfernen des Glases normal sich zu bewegen.

## 4. Zuchtziele.

Die Zuchtziele kann man festlegen:
bezüglich der Aufzucht

[36]) Silbermann, Die Seide Bd. 1 S. 177.

[37]) Die Italiener feuern mit offenem Kamin.

[38]) Meine Erfahrungen decken sich in diesem Punkt mit den Angaben Silbermanns (Die Seide S. 222). Silbermann gibt dort an, daß Bombyx mori in jedem Lebensstadium ungeheuer empfindlich gegen gasförmige wie auch andere Gifte ist. Er empfiehlt sogar feinste Giftmengen für gerichtlich chemische Untersuchungen durch Seidenraupen feststellen zu lassen.

1. starke Konstitution (Immunität gegen Krankheit),
2. Anspruchslosigkeit (gute Futterverwertung),
3. Dauer der Zucht;

bezüglich der Seidenerzeugung

1. Fadenlänge (Seidenreichtum),
2. Fadenstärke (Elastizität wie auch Beeinflussung der Fadenstärke für besondere Verwendung),
3. Gleichmäßigkeit des Fadens (Verhinderung der Sekundärfädchenbildung) (vgl. S. 15. Anm. 45),
4. geringe Bastprozente (Verhinderung großer Gewichtsverluste beim Abkochprozeß).

Durch die dauernde Inzucht gingen die europäischen Rassen allgemein zurück und man hielt eine Aufkreuzung für erforderlich. Der erste Versuch geschah mit chinesischen Rassen, welcher jedoch fehlschlug. Warum, kann man heute mit Sicherheit nicht angeben. Der zweite Versuch war mit japanischen Rassen, die im Anfang sehr gut anschlugen, aber nach kurzer Zeit vollkommen degenerierten. Die älteren Seidenzüchter denken noch mit Schrecken an die Periode „japanese incrocio". Zum Schluß, und zwar um 1900 herum, versuchte man die heimischen Rassen mit chinesischen Sorten aufzukreuzen, und hatte in Verbindung mit der genialen Zellenmethode von Pasteur glänzende Erfolge. An dieser Stelle sei die Zellenmethode kurz erwähnt, welche von solch ungeheurem Nutzen für alle Seidenbauer geworden ist. Für die Begattungszeit sperrt man die Schmetterlingspärchen in kleine Netzsäckchen. Hier findet die Begattung statt, das Weibchen legt seine Eier an der Innenseite des Säckchens ab und stirbt. Die Eiablage bzw. die toten Tiere werden gebucht, und letztere getrocknet, in Mörsern zerstampft und unter Wasserzusatz zu einem Brei gerieben. Dieser wird fein verteilt unter das Mikroskop gebracht und untersucht (bei 500facher Vergrößerung) auf die den Protocoen angehörenden Nosema Bombyces, den Urheber der Pébrine. Ist Befall festgestelt, wird das mit gleicher Nummer versehene Eiersäckchen sofort verbrannt, da bei einer Verseuchung der Elterntiere auch die sämtlichen Organe, also auch Eierstöcke und Eier infiziert sind. Die gesunden Eier werden von dem Tütchen entfernt, gewaschen und auf sogenannte Samenkartons [39]) aufgeklebt, die damit versandfähig sind. Infolge der Seuche war Frankreich gezwungen, aus dem Ausland (Japan) die nötigen

[39]) Einfache flache Pappschachteln.

Samen zu beschaffen. Doch gelang es ihm in wenigen Jahren, sich mit Hilfe der Zellenmethode [40]) von den japanischen Kartons freizumachen.

Der Züchter hat es bezüglich größtmöglicher Futterausnutzung in der Hand, den Futterbedarf herabzusetzen (Friauler Aufzucht) [41]). Wie weit diese Eigenschaft der guten Futterverwertung in den einzelnen Rassen variiert, ist meines Wissens wissenschaftlich noch nicht festgelegt. Zweifellos läßt sich diese Frage im Laufe der Zeit mit Erfolg für die späteren Zuchten lösen.

Die Zucht dauert im allgemeinen 28—35 Tage. Man soll sie durch einige Methoden bis um 7 Tage verkürzen können (getriebene Zucht). Da sich keine erstklassigen Kokons ergaben, andererseits man (wenigstens in Europa) bei einer Zucht pro Jahr das Treiben nicht nötig hat, gehe ich nicht näher darauf ein [42]).

Die Fadenlänge ist eine der wertvollsten Eigenschaften eines Kokons. Je länger der haspelbare Faden ist, um so größer ist die Rohseidenquantität. Nach Rasse, Jahr und Aufzucht kann man technisch gewinnen ca. 600—900 m (einzelne Kokons bis 1000—1200 m). Silbermann [43]) gibt an, daß die Ausbeute an Kokons pro Unze (25 g) sich folgend verhielt:

| | |
|---|---|
| 1880 . . . . | 24,22 kg |
| 1883 . . . . | 28,22 „ |
| 1886 . . . . | 33,31 „ |
| 1888 . . . . | 32,77 „ |
| 1893 . . . . | 40,34 „ |
| 1894 . . . . | 37,88 „ . |

Mit diesen Zahlen ist wohl die erhöhte Quantiät angegeben, jedoch nicht die Fadenlänge für den einzelnen Kokon. Für Italien soll gelten, daß die „besten“ Seidengegenden meist auch den längsten Kokonfaden produzieren. Aus diesem Grunde werden auch die dort erzeugten Kokons trotz höheren Marktpreises gern von den Spinnern gekauft.

40) Bei der Zellenmethode muß mit einem Verlust von ca. 5—7 % der Elterntiere gerechnet werden. Dieser Verlust wird aber durch die gute Qualität der Eier ausgeglichen.

41) Ein Aufzugsystem, bei welchem den Raupen auf zeltähnlichen Gestellen ganze Zweige gereicht werden, auf denen sie hinaufklettern müssen (siehe Abb. S. 40).

42) Gebbing, Seidenraupenzucht S. 44 ff.

43) Silbermann, Die Seide Bd. 1 S. 224.

Die Fadenstärke spielt eine Rolle für die Verwendungsart. Die Seidenwebereien stellen je nach der Mode und der Qualität ihrer Stoffe verschiedene Ansprüche an die Stärke des Fadens. Jedoch spielt die Fadenstärke des Kokons nicht so eine erhebliche Rolle, weil die Spinnerei imstande ist, durch geschickte Arbeit mit ziemlich gleichen Kokonfäden trotzdem im Titer[44]) verschiedene Größen zu erzeugen. Ebenso wichtig wie die Fadenstärke für die Verwendungsmöglichkeit ist die Gleichmäßigkeit des Fadens. Jede Verunreinigung, jede Sekundärfädchenbildung[45]) beeinträchtigt die Gleichmäßigkeit der Grêge[46]) und bildet beim Webeprozeß einen wesentlichen Minusfaktor, besonders dann, wenn viele Prozesse (Färben usw.) dem Weben vorausgehen.

Alle Seiden vom Bombyx mori bestehen in Gespinstfaden (Kokonfaden „Bava“) aus zwei Urfäden („Bavella“). Diese sind mit einer Leimsubstanz (Sericin) verbunden und in dieser eingebettet. Das Sericin, in der Seidenindustrie „Bast“ genannt, geht bei vielen Prozessen, Kochen, Färben (Veredlungsprozessen) verloren. Die Seide verliert somit bis u. U. 25% an Gewicht. Zwecks Ausgleich dieses Verlustes erschwert man die Seide mit chemischen Mitteln[47]) und erhält auf diese Weise mindestens das Einkaufsgewicht (d. h. das Einkaufsgewicht wird meist überschritten). Bei Couleur[48]), d. h. bei bunten Farben, wird bis 60%, bei schwarz bis 200% über pari (das ist das Gewicht vor dem Abkochen) erschwert[49]). Aus 100 kg Rohseide wird ca. bis 160 kg gefärbte, oder 300 kg schwarz gefärbte Seide entstehen.

Bei den Veredelungsprozessen wird allgemein erschwert, ohne daß man von einer Fälschung spricht. Unreell gilt nur die Erschwerung der Rohseide, bevor sie einem Veredelungs-

---

[44]) Grammgewicht von 9000 m Faden.

[45]) Bildung von kleinen mit den Hauptfäden verklebten Nebenfäden. Sie wirken besonders störend, wenn beim Abkochen der Bast entfernt wird. Vgl. Zeitschrift „Die Seide“, Krefeld, Jahrgang 1923. Ferner Mitteilung der Textilforschungsanstalt Krefeld Juni 1924, November 1925.

[46]) Bezeichnung für einen Faden aus mehreren Kokonfäden. Ein einzelner Kokonfaden ist zu dünn, um verwebt werden zu können. Vgl. Tabelle S. 57.

[47]) Erschwert wird: Bei Buntfärberei mit Zinnchlorid, Natriumphosphat, Wasserglas, sog. Zinnphosphatsilikat.-Erschwerung. Bei Schwarzfärberei mit Zinnerschwerung, Blauholzerschwerung, Eisenbeize, Eisenblaukali-Erschwerung, Eisenbeize und Zinnerschwerung.

[48]) Fachausdruck (Buntfärberei).

[49]) Silbermann, Die Seide Bd. 2 S. 369 ff.

prozeß unterworfen wurde. In der Seidentrocknungsanstalt Krefeld befindet sich ein Rohseidenmuster, welches scheinbar unerschwert ist. Als eine Färberei zwecks Färbung diesen Posten in das Farbbad (Pinke) tat, wurde der gesamte Strang blutrot. Die bestellte Farbe war nicht zu erzielen, weil das Erschwerungsmittel[50]) in Verbindung mit der Pinke stark rot reagierte. Aus solchen Beispielen ist ersichtlich, daß von unreeller Seite alles versucht wird, um Rohseide künstlich schwerer zu machen. Durch die einheitlichen Untersuchungsmethoden der international zusammengeschlossenen Konditionsanstalten[51]) ist heute ein solcher Betrug leicht nachzuweisen. Ob nur zum Ausgleich oder zum unreellen Gewinn erschwert wird, ist für die Haltbarkeit der Seide ganz gleich. Jeder Erschwerungsprozeß setzt die Haltbarkeit des Seidenstückes herab. Unerschwerte Seiden haben eine lange Lebensdauer. Stoffe, über 100 Jahre alt, zeigen kaum eine vergängliche Erscheinung. Bei dem heute gebräuchlichen Verfahren der Erschwerung kann man die zerstörende Wirkung der Erschwerungsmittel in wenigen Jahren feststellen.

## 5. Verbreitung der Seidenraupenzucht in den einzelnen Ländern.

### a) China[52]).

Bevor ich zum Seidenbau der einzelnen Länder komme, will ich die wirtschaftlichen Bedingungen für das Gedeihen der Seidenkultur kurz streifen. Seitz gibt für die vielen Bestrebungen, den Seidenbau in fast allen Ländern einzuführen, folgenden Grund an[53]):

„Die Seide galt als ein derart wertvolles Produkt, daß man stillschweigend annahm, die Zucht

---

[50]) Das Erschwerungsmittel bestand aus einem verseifbaren Fett, welches mit einem gelben Farbstoff gefärbt war, damit man es auf dem gelben Seidenstrang nicht erkennen konnte.

[51]) Konditionsanstalt = Untersuchungsanstalt, Seidentrocknungsanstalt. Die Seide wird in diesen Instituten nach international festgelegten Bestimmungen auf alle physikalischen und chemischen Eigenschaften amtlich untersucht. Der Name Seidentrocknungsanstalt kommt von der Untersuchung auf Feuchtigkeit der Seide. In Trockenöfen wird das Material vollkommen getrocknet, unter Luftabschluß gewogen und zu dem Gewicht 11 % erlaubte Feuchtigkeit hinzugerechnet.

[52]) Vgl. hierzu die demnächst in derselben Reihe erscheinende Schrift: T. T. Siao, Die chinesische Seidenindustrie.

[53]) Seidenzucht in Deutschland, Stuttgart (Seitzwerke Verlag) 1916.

80 jähriger Maulbeerbaum im Weizenfeld. Hier ist die günstige Schattenwirkung bei den letzten Bäumen deutlich zu sehen. Die linksseitig kahle Stelle ist Brachacker.

40 jähriger Maulbeerbaum im Sommerweizenfeld. Dieser Baum wurde nach der alten Art gepflückt und dann erst beschnitten.

müsse rentabel sein, was sie auch immer an Vorbereitungsspesen, an Futtermaterial oder Arbeitslöhnen kosten möge."

Gewissermaßen als Entgegnung (bzw. als „Unterstützung") nehme ich die Ausführungen des italienischen Nationalökonomen Giorgio Mortara[54]), welcher schreibt: „Die Ursachen der Überlegenheit, die der asiatische Seidenbau in den letzten 40 Jahren in wachsendem Maße über den europäischen gewonnen hat[55]), sind niedrigere Arbeitslöhne und stärkere Ausnutzung des Maulbeerbaums durch zwei, drei und mehr Raupenzuchten pro Jahr." Damit ist schon gesagt, daß eine sehr wichtige Bedingung der minimale Lohn ist. Man kann in Europa feststellen, daß an allen Industrieplätzen mit steigenden Lohnsätzen der Seidenbau stark zurückgeht, bzw. vollkommen zum Erliegen kommt. Einmal, weil die Arbeiter in der Industrie mehr verdienen als durch den Seidenbau, das andere Mal, weil die Spinnereien nicht die Löhne zahlen können wie die Webereien, und die Arbeiter in die letzteren abwandern[56]). Zusammengefaßt sind die Bedingungen für das Gedeihen der Seidenraupenzucht: Tradition („Verwachsensein" mit der Zucht), gute Maulbeerwüchsigkeit des Landes, warmes Klima und geringe Lohnsätze.

China ist, soviel wir heute wissen, das Ursprungsland der Seidenkultur. 3000 Jahre vor Christus war in China schon der Seidenbau bekannt. In der Mythologie wird die „Erfindung" der Seide folgendermaßen geschildert:

Eine chinesische Prinzessin war befreundet mit einem hübschen Falter, der ihr die Langeweile vertrieb. Eines Tages war der Falter verendet, und auf der Unterseite des Blattes, auf dem er lag, sah die Prinzessin viele feine silbergraue Kügelchen, die sie als Vermächtnis des Schmetterlings ansah und sorgfältig behütete. Nach einiger Zeit verfärbten sich die Kügelchen weiß, und wenige Tage später krochen aus ihnen kleine dunkle Räupchen, die bald das Blatt zu fressen begannen. Täglich wurden die Tierchen größer und fraßen sehr viel, bis sie nach einigen Wochen an trockenen Zweigen hinaufkletterten und dort große weißgelbliche „Eier"[56a]) produzierten. Diese nahm die Prinzessin ab und spielte täglich mit ihnen. Durch die ununterbrochene

[54]) Mortara in der Prospettive economiche 1925.

[55]) Siehe Tafel S. 28 und 31.

[56]) Ein lehrreiches Beispiel bietet die Gegend von Como bzw. Casanova.

[56a]) Damit sind die eiförmigen Kokons gemeint.

Beschäftigung mit ihren Lieblingen glaubte sich der Prinzgemahl zurückgesetzt. Als er eines Tages in ihr Zimmer kam und sie gerade wieder die Kokons („Eier“) durch ihre Hand gleiten ließ, packte ihn der Zorn, und er warf das hübsche Spielzeug in den brodelnden Teekessel. Traurig sammelte die Prinzessin nach dem Weggang des Mannes die Eier aus dem Wasser, und ein feiner glänzender Faden blieb an ihren Fingern hängen. Sie wickelte nach und nach den ganzen Kokon ab und schenkte damit ihrem Reiche und der Welt das Geheimnis der Seide.

Mehrere Jahrtausende lang verstand es China, seine Monopolstellung im Seidenbau vermittels der härtesten Strafen zu wahren. Der Grund der gestrengen Maßnahme war, daß man in der Seide einen Tauschartikel von reinstem Goldwert hatte. Die Steuerzahlungen mußten meist in Seide geleistet werden. Die Seide durfte nur in verarbeiteter Form die Grenzen Chinas überschreiten. Daher sehen wir die Anfänge außerchinesischer Seidenindustrie darin bestehen, daß man z. B. im Römerreiche die chinesischen Gewebe auftrennte, zu Seidenwatte zerzupfte[57]), neu spann, und zwar zum Teil so fein, daß die Stoffe nahezu durchsichtig waren[58]).

Um das Jahr 500 nach unserer Zeitrechnung begann außerhalb Chinas die Seidenzucht und planmäßige Verarbeitung. Der Sage nach soll eine chinesische Prinzessin nach ihrer Hochzeit mit einem kothanischen Prinzen bei ihrer Ausreise aus China in den Blüten ihres Kopfschmuckes Raupeneier verborgen haben, die den Grundstock der gesamten außerchinesischen Seidenkultur gebildet haben sollen.

Chinas wichtigste Seidenzuchtgebiete liegen um Shanghai und Canton mit dem großen Hinterland, das sowohl der Seidenraupe als auch dem Maulbeerbaum sehr günstige, klimatische und vegetative Bedingungen bietet. Im Gegensatz zu Europa erzielt man bis zu 6 Ernten pro Jahr. Die in der Literatur erwähnten Fälle von 7—10 Ernten dürften ganz vereinzelt, wenn nicht übertrieben sein. China mit seiner uralten Tradition läßt dem Seidenbau sehr große Unterstützung zukommen. Jedoch ist diese bei den durch die Struktur des Landes bedingten Verhältnissen recht schwankend. Obwohl es an seinen Universitätsinstituten und Versuchsstationen erhebliche Samenmengen kon-

---

[57]) Vgl. Schappespinnerei S. 55.

[58]) Die feinen Gewebe wurden wegen ihrer Durchsichtigkeit als unmoralisch angesehen.

trolliert und verteilt, sind diese im Verhältnis zur benötigten Menge zu gering, um nicht Privatzuchten arbeiten lassen zu müssen. Diese nehmen die Prüfung der Eier nicht so peinlich genau vor, wie es zur Vermeidung von Raupenseuchen notwendig ist. Die Seuchengefahr ist mit ein Grund, weshalb Chinas Seidenproduktion im Gegensatz zu der schnell anwachsenden japanischen in den letzten Jahren annähernd gleich hoch blieb. Die Ernte in China betrug in 1000 Pfd. Lbs.:

| | 1910/14 | 1919 | 1923 |
|---|---|---|---|
| China | 14 478 | 12 913 | 15 678 |
| Japan | 21 776 | 32 308 | 41 541 [59] |

Die Unterlagen für Chinas Rohseidenproduktion sind sehr lückenhaft. Man kann nur annähernd den Export zugrunde legen, der in den 80er Jahren 4,1 Millionen kg betrug, bis 1919 auf 6,8 Millionen kg stieg, um 1923 bei 7,1 Millionen kg stehen zu bleiben. Bei diesen Zahlen kann man die doppelte bis dreifache Menge an Eigenkonsum rechnen. (Nach neueren Schätzungen soll der Eigenkonsum des Landes nur etwa 60⁰/₀ betragen.)

Die Anspruchslosigkeit der Chinesen an Nahrung, Kleidung und Wohnung ist ein Grund, weshalb der Seidenbau sich in China gegenüber einer fremden Konkurrenz halten kann. Die manuelle Geschicklichkeit des Chinesen befähigt ihn ganz besonders für den Seidenbau. Außerdem ist die dortige Seidenkultur, wie erwähnt, eine große Traditionsfrage. China hat Vorschriften in der Art der „10 Gebote“ erlassen, die ganz genau regeln, wer Seidenbau treiben darf. Invalide und kranke Leute, Trinker und Wöchnerinnen haben den Zuchten fern zu bleiben.

Der Seidenbau ist bis auf Kanton und Kuangtung Nebenerwerb, ausgerüstet mit den einfachsten, veralteten Geräten. Die kleinen Bauern haspeln ihre Seide selbst. Was sie nicht verarbeiten, d. h. z. T. verweben können, wandert in die Dampfhaspeleien, welche die Seide nach nochmaligem Haspelprozeß auf den Markt bringen. Hauptabnehmer für geringe Qualitäten ist Indien. Die manchmal in Europa auftauchenden chinesischen Webstücke sind Handarbeit, die nur für den eigenen Bedarf hergestellt wurden (Sammlungsstücke).

Die Seidenraupe ist in China ungefähr das einzige Tier, welches planmäßig gezüchtet wird. Die chinesischen Seidenspinner sind sehr harte Rassen, die sich nicht besonders gut

[59] „Worlds production of Raw-Silk by principal prod. countries.“

kreuzen, jedoch ihre starke Konstitution, wie auch ihren Seidenreichtum zum Vorteil der europäischen Länder sehr stark vererben. Die Seide der Mandschurei ist elastisch, hat aber keinen schönen Glanz und Griff[60]). Die Provinz Schantung liefert blendend weiße Seiden, vereinzelt auch gelbe bester Qualität. Das Ursprungsland des chinesischen Maulbeerspinners ist wahrscheinlich die Provinz Tsche-Kiang, wo heute noch der Spinner wild vorkommt. Die Farbe sämtlicher Spinner ist ehemals naturfarbig (bräunlich-gelblich) gewesen[61]).

Man nimmt allgemein an, daß bei einer Organisation, wie sie in Japan vorbildlich besteht, China seine Produktion wesentlich erhöhen kann und wird. Das gesamte Seide verarbeitende Ausland hat großes Interesse an der Seidenproduktion. Zwecks Steigerung dieser wurde im Jahre 1917 ein „internationaler Ausschuß für die Verbesserung des Seidenbaues" in Schanghai gegründet. Die Bedingungen für eine größere Ausdehnung des Seidenbaues in China sind jedoch, daß man die alten Maschinen und Geräte durch neue ersetzt und die Fabrikationsmethoden modernisiert.

Die Zahl der vorhandenen Haspeln[62]) war bis jetzt entscheidend für die Produktion an Rohseide. Jeder Bauer erzeugte nur soviel Kokons, wie er innerhalb zwei Wochen mit seinen Hilfskräften abhaspeln kann. Nach etwa zwei Wochen muß er mit dem Schlüpfen der Kokons rechnen, da diese im allgemeinen frisch abgehaspelt werden[63]). Die in China verbrauchte Seide wird meist auf Webstühlen ältester Art hausindustriell verarbeitet, nur in der Provinz Tsche-Kiang gibt es moderne Webereien. Der Export fertiger Webwaren ist ganz gering. Die modernen Webereien sind in der schwierigen Lage, keine ausgebildeten Weber zu haben. (Nach neuester Schätzung gibt es in China 450 Dampfspinnereien mit 170000 Spinnerinnen).

---

[60]) Spezialausdrücke für das Aussehen und ein seidiges Anfassungsgefühl.

[61]) Vgl. Anm. 21 S. 7.

[62]) Eine Haspel besteht aus dem Vorbereitungs- oder Bürstenbecken, dem Spinnbecken und der eigentlichen Haspel. Die Bezeichnung Spinnbecken oder Haspel bedeutet in den Statistiken dasselbe. Spinnerin ist die Bezeichnung für die die Haspel bedienende Arbeiterin.

[63]) In modernen Betrieben wird zwischen dem Einkauf der Kokons und dem Haspelprozeß die Masse getrocknet (vorher abgetötet).

### b) Japan.

Im Jahre 519[64]) unserer Zeitrechnung wurde die Seidenzucht in Japan eingeführt[65]). Ein kaiserliches Dekret bestimmte, daß jede Familie nach ihrer sozialen Lage eine bestimmte Anzahl Maulbeerbäume anpflanzen mußte. Ende des 12. Jahrhunderts machte Japan eine schwere Krise infolge Kriegswirren, Seuchen und dem Aufkommen der Baumwolle durch[66]). Als Grund für das Gedeihen der japanischen Seidenkultur gibt Bolle[67]) an: „Weil der japanische Seidenbauer nicht aus bloßem Eigennutz, sondern aus angeborener Neigung den Raupen jene peinliche Sorgfalt und unverdrossene Pflege angedeihen läßt, welche für ein ersprießliches Fortkommen der Seidenraupen unerläßlich ist."

Im 16. Jahrhundert durften außer den Prinzen nur Priester und Krieger Seide tragen, bis nach und nach jede Volksschicht seidene Gewebe tragen durfte. Die Wohnhäuser in Japan eignen sich vorzüglich für den Seidenbau, da sie luftdicht, trocken und billig sind. Durch Herausnehmen einzelner Wände können größere Räume hergerichtet werden. Neben den Wohnhäusern benutzen die Japaner noch Zuchthütten aus Stroh, die sie mit der ihnen eigenen Geschicklichkeit für Flechtarbeit schnell und billig herstellen. Die Durchschnittstemperatur in den Zuchträumen beträgt, wie in Europa, im Durchschnitt 20—22° C. An kalten Tagen wird mit einem geschlossenen Feuerbecken geheizt. Zu großer Trockenheit begegnet man durch Aufhängen nasser Tücher (vor allem beim Ausbrüten von Eiern[68]). Das Umbetten der Raupen geschieht ausschließlich mit Netzen und soll, wie Bolle und andere angeben, sehr gewissenhaft besorgt werden. Als Nahrung dient wie üblich die weiße Maulbeere, welche aber nicht als Hochstamm (Europa), sondern nur in Buschform gebaut wird. Das Verhältnis der Maulbeerplantagen zum gesamten Kulturland betrug:

| | Gesamtes Kulturland | Maulbeerfarmen | % |
|---|---|---|---|
| 1908 | 13485950 acres | 1010490 acres | 7,5 |
| 1913 | 14194830 „ | 1107060 „ | 7,8 |

[64]) Nach dem Handwörterbuch der Staatswissenschaften im 3. Jahrhundert.

[65]) „Outlines of the Raw-Silk Industry in Japan", Tokio 1921.

[66]) „The dark ages for silk".

[67]) Bolle, Seidenbau in Japan, Wien (Hartlebens Verlag) 1928.

[68]) Vgl. Maas, Bemerkungen zur Einführung der Seidenzucht, Berlin Paul Parey) 1916, S. 10.

| | Gesamtes Kulturland | | Maulbeerfarmen | | % |
|---|---|---|---|---|---|
| 1918 | 14743310 | „ | 1247030 | „ | 8,5 |
| 1924 | 15162912 | „ | 1343467 | „ | 8,9 |

Japans Seidenkultur liegt in den Händen von annähernd 2 Millionen Farmern (etwas mehr als $^1/_3$ der Landwirte und Bauern, von denen etwa 10000 Eierzüchter sind). Die Eier werden eingeteilt in zwei Sorten, solche für Seidengewinnung und solche für Nachzucht. Im Durchschnitt erzielt man drei Kokonernten, und zwar:

1. spring-crop ca. 55 %
2. sommer-crop ca. 8 %[69]
3. autumn-crop ca. 37 %

Nach den allerneuesten Schätzungen ergibt die Frühjahrsernte etwa 50%, Herbst und Sommer zusammen ebenfalls 50%. Zu der Qualität der einzelnen Ernten ist nach neuesten Forschungen zu bemerken, daß der Titer sehr verschieden ist. Der Titer der Frühjahrsernte beträgt im Minimum 2, im Maximum 4,5, im Durchschnitt 3 denier[70] pro Faden, während Herbst- und Sommerkokons im Mittel 2,8 denier stark sind[71].

Nach europäischem Muster wurde 1912 die erste kaiserliche Versuchsanstalt in Kobe[72] errichtet, 1918 die zweite in Yokohama. Beide Institute unterstehen direkt dem Landwirtschaftlichen Ministerium. Ferner gibt es 6 Unterstationen, die alle für sich Versuche anstellen und gewonnene Seide auf die verschiedenen Eigenschaften hin untersuchen. Daneben gibt es drei Seidenbauhochschulen in Tokio, Kyoho und Uyeda, viele Mittelschulen für den Seidenbau und die kaiserliche Konditionierungsanstalt in Yokohama[73].

Die Rohseidenproduktion liefert $^1/_3$ der Gesamtausfuhr Japans. Von der Regierung wurde für die Dauer von 10 Jahren ein Betrag von $1^1/_2$ Millionen Yen[74] zur Verfügung gestellt um den Seidenbau in allen Teilen Nippons zu heben. Vor allem

---

[69]) Vgl. Raw-Silk Association of Japan „One Thousand Facts" S. 11.

[70]) Denier ist das Gewicht von 450 m, ausgedrückt in 0,05 g.

[71]) Der Seidenindustrielle muß genau wissen, aus welcher Ernte sein Material stammt.

[72]) Kobe nahm nach dem furchtbaren Erdbeben einen großen Aufschwung, da Yokohama als Zentrale längere Zeit ausschied.

[73]) In Yokohama wurde 1926 eine neue mit den modernsten Apparaten ausgerüstete Anstalt erbaut.

[74]) Ein Yen = 2,09 Mk. Pari. Ein Yen = 1,99 Mk. (Stand Juli 1927).

sollen die Klagen des Auslandes über schlechte Qualität der Seide geprüft und etwaige Mängel abgestellt werden. Die Regierung will keine Kokonaufkäufer mehr dulden; die Erzeuger sollen ihre Produktion sofort an die Haspeleien verkaufen.

Die erwähnten Klagen haben ihre Ursache in der maßlosen Konkurrenz der Spinnereien untereinander. Als die Unternehmer sahen, daß ihre Erzeugnisse gut gingen, vergrößerten sie ihre Betriebe erheblich durch Anlage neuer Spinnbecken[75]) und kauften rücksichtslos alle verfügbaren Kokons auf. Beide Aktionen wurden mit der den Japanern eigenen Zähigkeit durchgeführt, ohne daran zu denken, daß trotz erhöhter Quantität die Qualität gut und damit konkurrenzfähig bleiben mußte.

Die Erzeugung pro Spinnbecken betrug: 1915 57,8 kg
1918 69,8 kg

Das schwierigste Problem bei der Vergrößerung der Betriebe war die Heranbildung leistungsfähiger Spinnerinnen. Wie peinlich genau die Spinnarbeiten sind, erkennt man an einem Versuch, den ein Japaner anstellte. Er fand, daß Festtage in Japan auf die Qualität der Seide des folgenden Tages Einfluß haben. Die Spinnerin war müde, paßte nicht so genau auf beim Anwerfen[76]) und schon entstanden Unregelmäßigkeiten in der Grêge, die zu Klagen Anlaß gaben. Wie Japans Qualitäten sich damals verschlechterten, sieht man an einer amerikanischen Aufstellung der Fehlerprozente in 30000 Yards[77]) „Double extra crack“ [78]). Danach waren die Durchschnittsfehler:

1918 . . . . . $7^5/_{10}$ %
1919 . . . . . $6^7/_{10}$ % [79])
1920 . . . . . $8^9/_{10}$ %
1921 . . . . . $16^6/_{10}$ %
1922 . . . . . $24^9/_{10}$ %

Dabei sind die vielfachen Proben aus einer ganz gleichen Qualitätsmarke gezogen worden.

Gelegentlich von Forschungsreisen japanischer Züchtervereinigungen wurde als überraschendes Resultat festgestellt, daß die

---

[75]) Siehe Anm. 62 S. 20.

[76]) Fachtechnischer Ausdruck für das Anlegen eines neuen Kokonfadens an den weiterlaufenden Grêgefaden. Da das Anlegen ruckartig vollzogen werden muß, ist die Bezeichnung Anwerfen durchaus am Platze.

[77]) Ein Yard = 9144 mm.

[78]) Willkürliche Qualitätsbezeichnung.

[79]) Siehe Zeitschrift „Die Seide“ Jahrgang 1923 S. 288.

chinesischen Seidenqualitäten, trotzdem Japan ungleich modernere Haspeleien hat[80]) als China, dennoch feiner und wertvoller waren als die japanischen Erzeugnisse. Bei einer der Reisen nach Amerika beschwerten sich die dortigen Industriellen über die unsachgemäße Bezeichnung der Qualitäten. Mit sechs verschiedenen Bezeichnungen kann die gesamte Seidenerzeugung klassifiziert werden. Wenn für die beste Qualität die Bezeichnung galt: „Double extra A“ [81]), so erfand eine Spinnerei, ohne ein besseres Produkt zu liefern, für diese Qualität die Bezeichnung „Grand Double extra double, extra A“ [81]) oder „Special selection extra A“[81]). Diese Auswüchse waren reine Effekthascherei, um unbequeme Konkurrenz auszuschalten. Momentan gilt noch für die japanischen Seiden eine 16teilige Bonitierung, doch ist die Regierung bestrebt, den zu gewaltig gewordenen Apparat abzubauen. Es soll zunächst die auf Kosten der Qualität vermehrte Quantität eingeschränkt werden, gleichzeitig die Ausfuhr von Rohseide eingeschränkt werden, um selbst den Verdienst aus der Verarbeitung einzustecken, und zuletzt die doch zur Ausfuhr kommende Seide auf eigenen, d. h. japanischen Schiffen zur Versendung gebracht werden. 1918—1921 machte Japan eine starke Krise durch. Um diese gut zu überstehen, kaufte die Regierung im Einverständnis mit dem 1920 gegründeten kaiserlichen „Seiden-Syndikat“ große Mengen Rohseide auf. Durch geschickte Verteilung gelang es, den japanischen Seidenbau zu retten. Wenn 1922 angestrebt wurde, dieses Syndikat wieder aufzuheben, und die Aufhebung auch bald durchgeführt wurde, kann man dies als Gewähr ansehen, daß normale Verhältnisse wieder eingetreten sind.

Neben der Rohseide benötigt Japan, da es steigend seine Roherzeugnisse selbst verwebt, wachsende Kunstseidenmengen. Während Japan an Kunstseide erzeugte (engl. Pfund):[82])

| | | | | | | | |
|---|---|---|---|---|---|---|---|
| 1921 | | 150 000, | führte | es | | 131 139 | ein. |
| 1922 | erzeugte es | 250 000 | u. | „ | „ | 226 405 | „ |
| 1923 | | 780 000 | „ | „ | „ | 1 006 778 | „ |
| 1924 | | 1 368 000 | „ | „ | „ | 1 025 172 | „ |
| 1925 | | 1 200 000 | „ | „ | „ | 37 071 | (1. Halbj.) |

[80]) Haspelei (italienisch Filanda) = Fabrikunternehmen zur Gewinnung von Rohseide.

[81]) Willkürliche Qualitätsbezeichnungen.

[82]) 1 englisch Pfund = 16 Unzen = 453,$^{6}/_{10}$ g; 1 Unze = 28,$^{35}/_{100}$ g.

Aus dieser Aufstellung ist ersichtlich, daß Japan es verstand, sich von der Kunstseideneinfuhr annähernd frei zu machen. Man muß damit rechnen, daß bald ein starker Überschuß für Ausfuhrzwecke vorhanden ist, zumal die japanischen Fabriken unter günstigen Bedingungen arbeiten.

### c) Nordamerika.
### (Südamerika.)

Die Anfänge der amerikanischen Seidenzucht sind um das 17. Jahrhundert festzustellen. England bemühte sich damals in seinen tributpflichtigen Ländern neue Rohstoffquellen zu erschließen. Günstig für die Einführung war das Vorhandensein von Maulbeerbäumen an verschiedenen Stellen des Landes. Im Jahr 1619 wurde verordnet, regelrechte Plantagen anzupflanzen und Seidenzuchten einzurichten. Die vorhandenen schwarzen Maulbeerbäume werden durch Morus alba ersetzt. In Louisiana führte Jakob I. die Seidenzucht ein und setzte erhebliche Prämien und Subventionen aus, während für Unterlassungen der Seidenzucht strenge Strafen angewandt wurden. Da der ganze Aufbau aber nicht gut organisiert war, zerfiel die Zucht vollständig. In Südcarolina begann man 100 Jahre später mit der Seidenzucht. Ebenso schnell wie die Kulturen Erfolge zeigten, gingen sie zurück, als die ausgesetzten Prämien ausblieben.

Versuche in Kalifornien und allen anderen Staaten zeigten, daß in bezug auf Klima die Kultur erfolgreich sein könnte. Die soziale Struktur des Landes bzw. das Unverständnis der Bevölkerung verhinderte jedoch die Ausbreitung bis zu einer nennenswerten Produktion. Zieht man einen Vergleich, wonach Amerika 1842 rd. 150000 kg erzeugte, jedoch das Zehnfache an Rohseide (das ist dasselbe wie das Hundertfache an frischen Kokons) einführte, erkennt man das gänzliche Fehlschlagen der Bestrebungen. Vorher, um 1825 herum, hatte man noch einmal versucht, mit einem Schlage Amerika unabhängig von allen Seidenländern zu machen. Gewaltige Pläne wurden aufgestellt, Millionen Bäume einer Morus-Varietät (Morus multicaulis) gepflanzt, ca. 50 Aktiengesellschaften wurden gegründet mit stark spekulativer Tendenz, doch verschwand alles in kurzer Zeit, nachdem ein schwerer Meltaubefall die jungen Plantagen vernichtete. In Südamerika waren ebenfalls in allen Staaten Versuche gemacht worden, doch gingen alle Bestrebungen fehl, da ein Hauptererfordernis, schollenfeste Bauern, nicht gegeben war.

Von eminenter Bedeutung jedoch ist die Seidenindustrie Amerikas, seit 1860 wegen der wirtschaftlich schlechten Lage infolge der Sezessionskriege, ein Zoll von 60% auf alle Luxusartikel gelegt wurde, und Amerika selbst Produzent für Seidenware wurde. Mit der Durchführung der Mechanisierung der Webstühle in den 80er Jahren stieg die Rohseideneinfuhr ganz gewaltig:

| | |
|---|---|
| 1871/71 . . . . . | 480 000 kg |
| 1901/02 . . . . | 5 600 000 „ |
| 1921/22 . . . . | 22 800 000 „ |

Der amerikanische Verbrauch in den Jahren 1913—23 stieg von 12 500 000 auf 22 000 000 kg (also um 78%), während die Welterzeugung in der gleichen Spanne etwa nur 11% zunahm (27 300 000 auf 30 300 000 kg). Der größte Lieferant für Amerika ist Japan, welches 95% der gesamten Ausfuhr liefert (diese Menge macht ungefähr 65% des amerikanischen Bedarfes aus). Die Befürchtungen, daß Amerika nicht genug Rohmaterial beschaffen kann, läßt es sich sehr für China interessieren, um dort die Produktion zu steigern. — Es gab in Amerika:

| | | | | | |
|---|---|---|---|---|---|
| 1904 | 624 | Webereien | mit | 70 000 | PS Antriebskraft |
| 1914 | 902 | „ | „ | 116 000 | „ „ |
| 1921 | 1369 | „ | „ | 176 825 | „ „ |

In der Rohseidenmenge, die Japan lieferte, kann man die Monopolstellung Amerikas deutlich sehen. Japan exportierte

| | | | | | | |
|---|---|---|---|---|---|---|
| 1914 | nach Europa | 28 740 | Ballen[83]), | nach Amerika | 141 941 | Ballen |
| 1921 | „ „ | 14 061 | „ | „ „ | 247 204 | „ |

Dabei fällt für Europa erschwerend ins Gewicht, daß die ersten Qualitäten nicht nach Europa, sondern fast ausschließlich nach Amerika gehen.

Mit der gesteigerten Produktion (Seidenwaren) ging die erhöhte Verarbeitung der Kunstseide und die gesteigerte Kunstseidenproduktion Hand in Hand. Amerika verbrauchte:

| | | | | | | |
|---|---|---|---|---|---|---|
| 1920 | für | 9 850 870 £ | Kunstseide, | erzeugte | für | 8 000 000 £ |
| 1921 | „ | 18 662 000 „ | „ | „ | „ | 15 000 000 „ |
| 1922 | „ | 26 530 030 „ | „ | „ | „ | 24 406 000 „ |
| 1924 | „ | 54 919 600 „ | „ | „ | „ | — — |
| 1925 | „ | — — „ | „ | „ | „ | 55 000 000 „ |

---

[83]) Ballen, japanischer = 63 kg, chinesischer = 63 kg, Kanton = 48 kg, italienischer = 100 kg.

Aus diesen, wie auch obigen Zahlen geht zur Genüge hervor, daß Amerika eine beherrschende Stellung in der Seidenproduktion sich (vor allem durch den Krieg) erworben hat. Die europäische Industrie wird sich mit dem Gedanken vertraut machen müssen, daß Amerika eine große Menge fertiger Textilien ausführen kann, sobald die Konsumsfähigkeit des Landes durch die Produktion übertroffen wird.

### d) Balkan.

### West- und Mittelasien, Levante, Rußland und Indien.

Griechenland produziert ca. 2 1/2 Millionen kg Kokons, von denen 60% nach Italien und Frankreich ausgeführt werden. An Rohseide selbst fabriziert Griechenland etwa 75000 kg. Die 1922 aus der Türkei ausgewiesenen Griechen, in deren Händen hauptsächlich die Seidenzucht lag, brachten ihrem Lande einen neuen Antrieb, so daß man mit einem stärkeren Ausbreiten der dortigen Seidenzucht rechnen kann. 1/3 der Grège-Erzeugung wird in eigenen Webereien zur Deckung des Landkonsums verwebt.

Bulgarien produziert etwa 1,7 Mill. kg Kokons, die zum größten Teil exportiert werden (Italien), weil keine Haspeleien vorhanden sind.

Jugoslavien hat durch großzügige staatliche Subventionen einen Aufschwung der Seidenzucht genommen. 1924 wurden etwa 700/800000 kg Kokons geerntet, die größtenteils im Lande gehaspelt werden, um dann nach Frankreich oder Italien zur weiteren Verarbeitung exportiert zu werden.

Rumänien spielt in seiner ganz geringen Seidenproduktion keine Rolle für den Weltverkehr.

Persien war im 17. Jahrhundert der größte Seidenlieferant. Seine Produktion ging jedoch durch Seuchen erheblich zurück. 1910/14 wurden etwa jährlich 3,5—5 Mill. kg geerntet, von denen 1914 (z. B.) 1 Mill. kg ausgeführt wurden. Heutzutage ist die Produktion und Ausfuhr ohne Bedeutung.

Turkestan, ein Land mit äußerst günstigen klimatischen Bedingungen für den Seidenbau, produzierte den Samen für die Zucht nicht selbst, sondern importierte ihn. Als der Import nachließ, ging damit die Produktion von 3,4 Mill. kg fr. Kokons (1912) auf 900000 kg (1924) zurück. Die Produktion im Kaukasus ging von einer Menge von 5,6—6 Mill. kg Kokons (1912) auf

## Tabelle I zu Abschnitt II S. 16—46.

### Weltseidenproduktion in 1000 kg.

Jahresabschnitte in 5 Jahren.

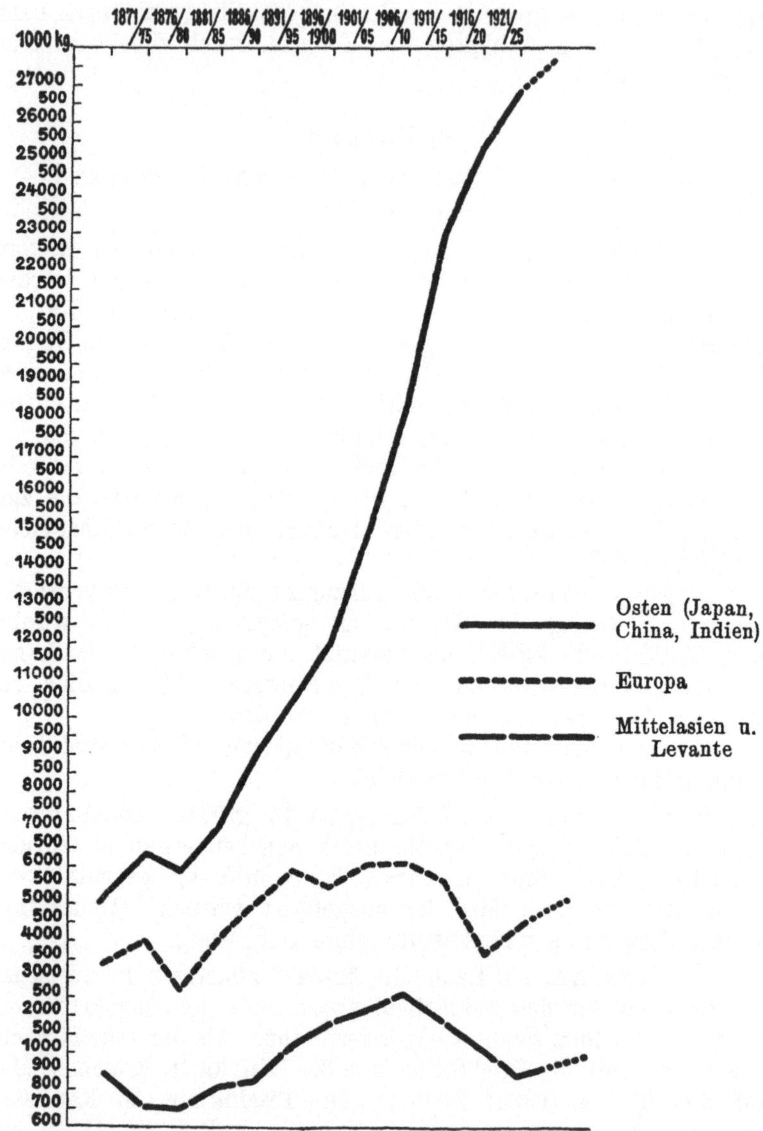

ein Nichts zurück. (Nach neueren Berichten soll die Seidenzucht Aserbeidschans und Grusias an Bedeutung wieder gewonnen haben.) Ebensowenig spielt Armeniens Produktion heute eine Rolle.

Syriens Erzeugung betrug in den Jahren vor dem Kriege etwa 5—6 Mill. kg. Jetzt ist sie zurückgegangen auf 3 Mill. kg. Parallel ist die Zahl der Haspeleien von 150 auf 50 reduziert worden. Der Aufkäufer der syrischen Seide ist Frankreich, in letzter Zeit bemüht sich auch Amerika um die dortige Rohseide.

Anatoliens Seidenbau, konzentriert um Brussa, ging von 6 Mill. kg Kokons auf 600000 zurück, nachdem die Griechen 1922 ausgewiesen wurden. Der Krieg vernichtete direkt und indirekt die Maulbeerplantagen. Die Regierung gewährte keine Subventionen mehr. In der europäischen Türkei war um 1912 die Produktion etwa 70000 kg, heute infolge Kriegseinwirkungen etwa 6000 kg. Nach den neuesten Berichten vom Januar 1927 exportiert Brussa wieder, wenn auch die anfallenden Mengen gering sind. Nennenswert wird der Export für die deutsche Feinweberei nicht werden, da der Faden zu ungleichmäßig ist.

Rußland. Nach den russischen Berichten (Sowjet-Komitee) lieferte in den letzten Jahren:

| | | | |
|---|---|---|---|
| Mittelasien . . . . . | 11466000 | kg | Kokons |
| Aserbeidschan . . . . | 5733000 | „ | „ |
| Georgien . . . . . . | 6522000 | „ | „ |

die nur zum geringen Teil im Lande selbst verarbeitet werden. Im März 1925 fand in Moskau eine Zusammenkunft der Seidenindustriellen statt mit dem Zweck, den Seidenhandel und die Seidenindustrie zu zentralisieren mit dem Sitz in Moskau, um selbst den Verdienst durch Veredelung der Seide und Verweben im Lande zu lassen. — Das Projekt scheiterte an dem Einspruch der nördlichen Randstaaten, welche den Sitz des Komitees in ihrem Lande erzwingen wollten. Beim Lesen des Berichtes [84]) kann man sich des Eindruckes nicht erwehren, daß trotz großer Zahlen (Produktion, arbeitende Fabriken usw.) die Seidenzucht und Verarbeitung nur geringe Bedeutung haben.

---

[84]) Unveröffentlicher Konsulatsbericht 1925.

## Weltseidenproduktion

in den Jahren 1916—1925 in 1000 kg.
(26. Halbjahrsbericht of the Silk Association of Amerika.)

| | 1916 bis 1917 | 1917 bis 1918 | 1918 bis 1919 | 1919 bis 1920 | 1920 bis 1921 | 1921 bis 1922 | 1922 bis 1923 | 1923 bis 1924 | 1924 bis 1925 |
|---|---|---|---|---|---|---|---|---|---|
| Italien . . . . | 3,612 | 2,820 | 2,695 | 1,835 | 3,325 | 3,205 | 3,735 | 4,900 | 5,255 |
| Frankreich . . | 220 | 205 | 245 | 180 | 250 | 195 | 198 | 255 | 335 |
| Österreich . . . | 150 | 150 | 150 | — | — | — | — | — | — |
| Spanien . . . . | 90 | 70 | 75 | 70 | 80 | 60 | 77 | 70 | 95 |
| Europa gesamt . | 4,072 | 3,245 | 3,165 | 2,235 | 3,655 | 3,460 | 4,010 | 5,225 | 5,685 |
| Levante[85]) . . . | 1,040 | 1,040 | 1,040 | 1,040 | 750 | 550 | 700 | 760 | 900 |
| Shanghai[86]) . . | 4,191 | 3,884 | 4,177 | 4,638 | 2,957 | 3,172 | 3,914 | 3,945 | 4,000 |
| Kanton . . . . | 2,525 | 2,345 | 1,680 | 3,218 | 1,910 | 2,601 | 3,198 | 2,730 | 2,971 |
| Japan[87]) . . . | 14,390 | 15,445 | 14,654 | 15,523 | 11,022 | 18,590 | 18,843 | 17,282 | 24,523 |
| Indien . . . . | 88 | 111 | 116 | 145 | 50 | 105 | 99 | 91 | 91 |
| Ausfuhr gesamt Asien . . . . | 21,194 | 21,785 | 20,627 | 23,524 | 15,939 | 24,468 | 26,054 | 24,048 | 31,585 |
| Gesamte Erzeugung an echter Seide . . . . | 26,306 | 26,070 | 24,832 | 26,799 | 20,344 | 28,478 | 30,764 | 30,033 | 38,170 |
| Tussah . . . . | 819 | 696 | 708 | 889 | 748 | 842 | 923 | 449 | 777 |
| Summen der Seidenerzeugung der Welt . . | 27,125 | 26,766 | 25,540 | 27,688 | 21,092 | 29,320 | 31,687 | 30,482 | 38,947 |

### e) Indien.

Indien bemüht sich jetzt, nach einem rapiden Rückgang, seine Seidenkultur wieder in die Höhe zu bringen. Die Hauptzuchtgebiete sind Benares, Tanjore-Surat-Amritsa, Madura und Mandalay. Moderne Spinnereien gibt es nicht. An Webereien hat Indien ca. 70 mit 8000 Arbeitern. Eingeführt hat Indien 1923 914,293 kg Rohseide, 448,511 kg Seidengarne und exportiert an Grègen etwa 87000 kg. China ist der Hauptlieferant für Rohseide und Deutschland der zweitwichtigste Lieferant für fertige Seidenwaren (Vorkriegsstelle). Nach einer anderen Statistik produziert Indien jährlich etwa 13—14 Mill. kg Kokons (einschl. wilden Seiden) und hat exportiert:

85) Schätzung nach 1915.
86) Eigenverbrauch nicht statistisch erfaßt.
87) Ohne Tussah-Produktion.

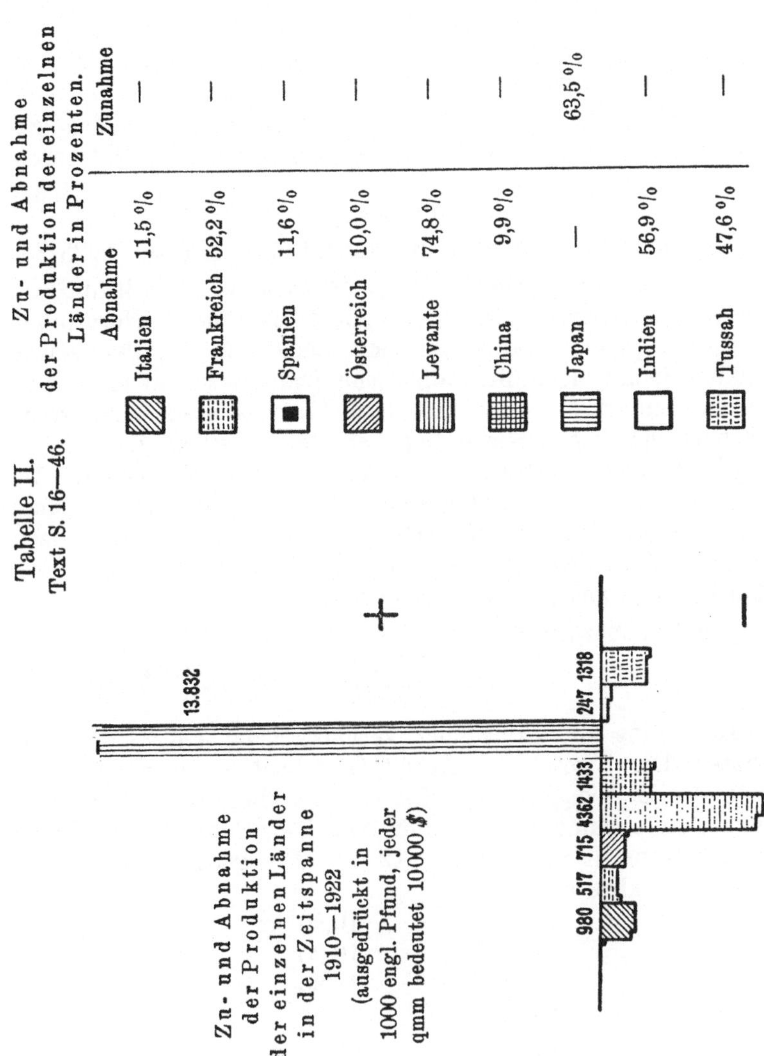
Tabelle II.
Text S. 16—46.
Zu- und Abnahme
der Produktion der einzelnen
Länder in Prozenten.
Abnahme
Zunahme
Italien 11,5 %
Frankreich 52,2 %
Spanien 11,6 %
Österreich 10,0 %
Levante 74,8 %
China 9,9 %
Japan 63,5 %
Indien 56,9 %
Tussah 47,6 %
13.832
980 517 715 4362 1433 247 1318
Zu- und Abnahme
der Produktion
der einzelnen Länder
in der Zeitspanne
1910—1922
(ausgedrückt in
1000 engl. Pfund, jeder
qmm bedeutet 10000 $)

| | | |
|---|---|---|
| 1871/75 | . . . . | 562 000 kg |
| 1891/95 | . . . . | 261 000 „ |
| 1911/15 | . . . . | 125 000 „ |
| 1918 | . . . . | 110 000 „ |
| 1922 | . . . . | 75 000 „ |
| 1924 | . . . . | 35 000 „ |

Die Verarbeitung der im Inland verbrauchten Seiden geschieht in der Hauptsache in der Hausindustrie (Handweberei).

### f) Italien.

(Persönliche Eindrücke über die italienischen Zuchten 1925/26.)

Nach Süditalien gelangte die Seidenzucht im 11. Jahrhundert, nach Mittelitalien im 14. Jahrhundert und nach Norditalien kurze Zeit später. Italien gilt mit Recht als das „klassische Land der Seide“, denn die italienische Seidenzucht hat im Gegensatz zu den übrigen Seidenländern Europas stets eine große volkswirtschaftliche Bedeutung behalten. Selbst der Weltkrieg hat keine größere Einschränkung bringen können. Im Jahre 1890 wurde die italienische Produktion zum ersten Male von derjenigen Ostasiens überflügelt. Die Hauptseidenprovinzen Italiens sind Lombardei, Venetien und Piemont, daneben haben Calabrien, Toscana und Emilia Bedeutung.

| | | | |
|---|---|---|---|
| Die Kokonernte war um | 1890 | . . . . | 54 Mill. kg |
| | 1900 | . . . . | 57 „ „ |
| | 1924 | . . . . | 57 „ „ |

1919 ging die Erzeugung vorübergehend auf 21 Mill. kg herunter. Durch geschickte Arbeit, Organisation und Kreuzungen wurde die Ergiebigkeit der Kokons erheblich gesteigert. Um 1880 rechnete man zur Herstellung von 1 kg Rohseide 14—15 kg frische Kokons, jetzt etwa 11—12 kg. Die genauen Zahlen für die letzten Jahre sind:

| | | |
|---|---|---|
| 1916 | . . . . | 10,80 kg |
| 1918 | . . . . | 10,90 „ |
| 1920 | . . . . | 11,30 „ |
| 1922 | . . . . | 11,00 „ |
| 1924 | . . . . | 10,75 „ |
| 1925 | . . . . | 10,90 „ |

Ein Fünftel der Rohseidenproduktion wird im Lande verwebt. Die Gesamtrohseidenproduktion setzt sich heute zusammen aus 92% eigener und 8% ausländischer Kokons, während früher bei der Erzeugung 20% ausländische Kokons zur Verarbeitung gelangten. Der wichtigste Markt für die europäische Seide ist neben Lyon Mailand, welches seit 1880 mit der Eröffnung der Gotthardbahn größte Bedeutung, vor allem für gezwirnte Seiden[88]), erlangt hat.

Die Zucht liegt in den Händen der mittleren und kleinen Bauern. Großzuchten sind heute wenig zu finden. Der Samen für die italienische Seidenzucht wird nicht, wie vielfach zu hören und zu lesen ist, vom Staate geliefert oder durch den Staat verbilligt, sondern ausschließlich im freien Verkehr gehandelt. Die Preise richten sich nach den fünf Faktoren:

1. Vorjähriger Kokonpreis,
2. Nachfrage — Angebot — Zeit,
3. Rasse — Witterung — Lage,
4. Geboren — Ungeboren,
5. Spekulation.

Ungeborene Samen werden nur selten an die Züchter abgegeben, da die Brutarbeit meist nicht verstanden wird, außerdem keine Vorrichtungen bestehen, die Temperatur auf Einzelgrade zu regulieren.

Als Normalgewicht dient eine Unze = 30 g[89]) geschlüpfter Raupen. Die Bauern und Pächter beziehen ihren Samen[90]) meist von dem Besitzer des von ihnen bearbeiteten Landes, oder es tun sich mehrere Bauern zusammen, welche durch einen Großgrundbesitzer oder ausgewählten Vertrauten den Samen kaufen lassen. Zum geringsten Teil kaufen sie selber ein.

Die ebenfalls ohne staatliche Beihilfe arbeitenden Baumschulen geben an die einzelnen Besitzer, Pächter und Bauern im freien Handel benötigte Maulbeerbäume ab. Die Baumfrage ist oft so gelöst, daß der Verpächter die Bäume liefert und für abgestorbene Ersatz leistet. Rechnen wir, daß ein Eigenbesitzer 200 Bäume hat und er jedes Jahr 7 neue pflanzt, so hat er bei einem bestwüchsigen 30jährigen Bestand diesen in 30 Jahren vollkommen erneuert. Diese erwähnten 7 Bäume werden m. E. selten benötigt. Mit Dr. Basso[91]) besichtigten wir bei Magenta Bäume von 150 Jahren Alter, die noch immer 40—50 kg Laub

[88]) Gezwirnte = gedrehte Seiden sind: a) Krepp, b) Organzine, c) Grenadine, d) Poil, e) Trame (siehe Tafel S. 57).

[89]) Die alte Unze war 25 g.

[90]) Bezeichnung für Eier.

[91]) Professor an der Cathedra ambolante di agricoltura di Milano.

lieferten. Die Maulbeerbäume stehen an den Wegen, Feldgrenzen, Wassergräben und auf den Feldern. Die Abstände sind etwa die einer deutschen Obstzucht in der Reihe von 5—10 m, die einzelnen Reihen beliebig weit voneinander. Ich stellte Differenzen von 10—20 m fest[92]. Allgemein findet man in Italien nur die Hochstammform des Morus alba. Da von Chinesen und Japanern die Buschform (Plantage) bevorzugt wird, weil sie eiweißreicheres Futter liefern soll, schnelleren Ertrag gibt und somit mehrere Zuchten pro Jahr ermöglicht, hat die italienische Regierung 1926 eine Studienkommission nach Ostasien entsandt, die an Ort und Stelle Versuche und Feststellungen machen soll. Es sind dies zum Teil Vorarbeiten zur Einführung einer zweiten Zucht pro Jahr.

Die Bäume werden nach zwei Methoden entlaubt:

1. Pflücken der Blätter am Baume selbst,
2. Kappen der ganzen Zweige.

Das Pflücken am Baum ist zeitraubender als das Abhacken der Zweige, doch hört man vielfach die Meinung, daß der Baum durch das einfache Abstreifen der Blätter nicht so geschwächt wird wie durch das Entfernen der ganzen Zweige. Was Wahrheit und was Vorurteil ist, konnte ich nicht feststellen. Die gekappten Zweige trägt oder fährt der Bauer möglichst, nachdem die Blätter durch die Sonne getrocknet[93] sind, auf seinen Hof, um sie durch Frauen und Kinder abstreifen zu lassen und im Bedarfsfalle noch in 10—15 cm große Stücke zu zerschneiden. Die moderne Art ist, die Nahrung als ganze Zweige zu reichen (Friauler-System). Das Entlauben geschieht vollständig, es bleibt kein Blatt am Baum.

Die Blatternte für einen hochstämmigen Maulbeerbaum gibt Professor Harz[94] wie folgt an:

| | | | | |
|---|---|---|---|---|
| Mit | 8 | Jahren | 1 | kg |
| „ | 10 | „ | 4 | „ |
| „ | 12 | „ | 16 | „ |
| „ | 13 | „ | 32 | „ |
| „ | 16 | „ | 40 | „ |
| „ | 21 | „ | 60 | „ |
| „ | 30 | „ | 100 | „ |

[92]) Vgl. Abb. S. 10.

[93]) d. h. vom anhaftenden Wasser, Regen oder Tau befreit sind.

[94]) Harz, Eine neue Züchtungsmethode des Maulbeerspinners Bomb. mor. L. mit einer krautartigen Pflanze.

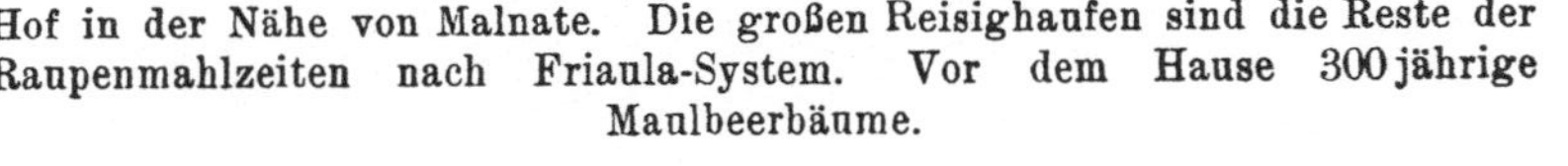

Hof in der Nähe von Malnate. Die großen Reisighaufen sind die Reste der Raupenmahlzeiten nach Friaula-System. Vor dem Hause 300jährige Maulbeerbäume.

Typisches italienisches Bauernhaus mit Vorbau. Der Aufgang in das höhere Stockwerk geschieht mittels einer außenliegenden Treppe, der Eintritt in die einzelnen Zimmer von dem um das ganze Haus laufenden Gang aus. Die Türen sind gegen äußere Hitze ausgehängt und durch dichte Decken und Säcke ersetzt.

während Professor Bolle[95]), einer der besten Kenner der Seidenzucht, für einen Baum angibt:

von 10 Jahren 15 kg
„ 20 „ 25 „
„ 30 „ 50 „

Diese Zahlen entsprechen annähernd den italienischen Verhältnissen. Da man zur Aufzucht einer Unze nach altem System ungefähr 1000—1100 kg Blätter benötigt, so hat man etwa 25—30 gutwüchsige, 30jährige Bäume nötig. Bei dem modernen System kann man mit 20—25 Bäumen auskommen.

Der Meinung italienischer Professoren und Praktiker nach ist eine Buschform für Italien schon deswegen ungeeignet, weil die Besitzer größerer Ländereien Land in Größe von 10—15 ha verpachten. Da jeder Bauer seine Zucht (in den fraglichen Gebieten) treiben will, wäre für jede 10—15 ha Land eine Buschplantage zu errichten. Das jetzige System, bei dem alle Wege, Grenzen und fast alle Felder mit Hochstämmen bepflanzt sind, ist viel besser bei Gebietsveränderungen. Nehmen wir an, daß ein Bauer sein Pachtland in Größe von 40—45 ha Land aufgibt, und der Besitzer dieses Land in 3 Parzellen à 15 ha an 3 Bauern abgibt, so erhält jeder Pächter sofort die Möglichkeit, Seidenzucht zu treiben, da alle Ländereien gleichmäßigen Maulbeerbestand aufweisen. Bei dem erwähnten Busch-Plantagen-System ist das nicht möglich, weil sich zwei, drei Brauern um den Laubertrag einer Plantage streiten werden.

Die Schattenwirkung durch die Hochstämme soll schädlich sein. Dr. Basso rechnet mit einem Minderertrag in der fraglichen Zeit von 5—15%. Obwohl ich dieser Frage sehr intensiv nachging, konnte ich nie einen schädlichen Einfluß bemerken[96]). An verschiedenen Orten war nicht nur der Pflanzenbestand unter den Bäumen genau so üppig wie unter freiem Himmel, sondern sogar besser[97]). Dies läßt sich so erklären, daß bei der enormen Sonnenbestrahlung viele Pflanzen verdorrt sind, die an anderer Stelle unter den Bäumen noch durchgekommen wären[98]).

Die Düngung der Maulbeerbäume wird sehr verschieden gehandhabt. Manche Bauern düngen nie, manche regelmäßig

---

95) Bolle, Der Seidenspinner des Maulbeerbaumes, Wien (Hartlebens Verlag) 1898.

96) Siehe Abb. S. 16.

97) Siehe Abb. S. 10, 1 u. 2.

98) Siehe im Gegensatz dazu Gebbing, Die Seidenraupenzucht S. 125.

manche nach dem Stand der Vegetation. In Frage kommen nur Stalldünger und Jauche. Künstliche Dünger werden nie direkt verwandt, doch erhalten die auf den Feldern stehenden Maulbeerbäume unbeabsichtigt ihren Anteil. Sehr schädlich ist die Düngung der Maulbeerbäume mit dem Raupenkot, da hierdurch Raupenseuchen von einem Jahr ins andere verschleppt werden.

Die Raumfrage für die Zuchten ist in Italien leicht zu lösen, weil im allgemeinen große Räume zur Verfügung stehen und außerdem der Italiener nicht an das Leben im Hause gebunden ist. Er gibt zugunsten seiner Raupenzucht unter Umständen jeden Anspruch auf ein Zimmer auf. Das einzige, was er tunlichst stehen läßt, sind die Betten und schweren Schränke, und selbst da fand ich verschiedentlich, daß man sie ausgeräumt und auf einen der Hausgänge[99]) postiert hatte.

Bei mehreren Bauern waren die Betten stehen geblieben, jedoch von Raupengestellen überbaut. In Baggio fand ich Gestelle hängend über der Kinderwiege[100]).

Daß der italienische Bauer seine Zimmer aufgibt, um Seidenzucht zu betreiben, liegt neben dem eisernen Muß an seiner Natur, seinen einfachsten Bedürfnissen und dem warmen Klima. Italienische Stuben oder Räume, deren es in den Bauern- oder Gutshäusern viele, oft gar nicht, oft nur als Gerümpelkammer benutzte gibt, enthalten an Mobiliar weniger wie deutsche Bauernstuben. Je weiter man nach Süden geht, um so mehr spielt sich das Leben der Familie auf der Straße ab.

Eine Unze beansprucht zur Zeit des Einspinnens etwa 18—20 Betten[101]). Die Betten des alten Systems sind 3,60 × 0,80 m groß, also 2,88 qm, abgerundet 2,90 qm Fläche, bei 20 Betten also 58 qm, das ergibt eine Unze = 58 qm Bodenfläche oder bei 4 Gestellen[102]) mit je 5 Betten übereinander 11,6 qm an Zimmergrundfläche. Ein oft wiederkehrendes Maß als geringstes für eine Aufzucht war 5,50 × 4,80 × 3,50 m = 92,40 cbm[103]).

---

[99]) Siehe Abb. S. 34.

[100]) Sehr ungesunde Verhältnisse, da durch den großen Stoffwechsel der Raupen wie auch durch die gärenden Laubmassen Ammoniak- und Kohlensäuregase entstehen.

[101]) Bett ist die Bezeichnung für eine Hürde.

[102]) Gestell = Träger von mehreren Hürden übereinander.

[103]) Eine Unze (30 g) beansprucht an Platz in der

| | | | | | |
|---|---|---|---|---|---|
| 1. Periode | $1^1/_2$ | ital. Normalhürden | = ca. | 4,32 | qm |
| 2. „ | $2^1/_4$—$2^1/_2$ | „ „ | = „ | 6,84 | „ |
| 3. „ | 4 | „ „ | = „ | 11,52 | „ |

Die Luft in solch engen Räumen ist meist sehr schlecht. Zum Schlusse der Zucht muß für besonders gute Luft gesorgt werden, und je größer die Zuchten sind, d. h. je mehr Unzen in einem Raume vorhanden sind, um so mehr ist für gute Luft zu sorgen. Schlecht ventilierte Räume bilden für jedes höhere Lebewesen eine große Infektionsgefahr, und in größeren Zuchten stecken erhebliche Werte.

Es ist manchmal verwunderlich, wie schlecht die Luft in den Zuchträumen ist. Die Fenster werden nie geöffnet, und der einzige Luftaustausch geht durch den Kamin oder die Tür, welch letztere in der Zuchtzeit ausgehängt und durch Säcke oder Decken ersetzt ist (oder nur mit schweren Decken verdeckt ist)[104]).

Die Zucht nach dem fortschrittlichen[105]) Friauler-System kann bei den kleinen Bauern nur in sehr beschränktem Maße ausgeführt werden, falls keine Ställe oder leere Scheunen vorhanden sind. In einer bei Magenta liegenden Scheune von 9 m Tiefe und 20 m Länge waren 18 Aufzuchtgestelle aufgeschlagen, auf denen 7 Unzen aufgezogen wurden. Nach meinen Berechnungen könnten nach dem alten System etwa 11—12 Unzen großgezogen werden. Der Raum ist bei 7 Unzen nicht voll ausgenutzt, während ich des Interesses halber stärkste Ausnutzung angenommen habe mit 29 Aufzuchtgestellen zu 7 und 8 Hürden, also ca. 224 Hürden (20 pro Unze)[106]).

Wenn heutzutage ein Grundbesitzer noch große Mengen züchtet, so bringt er die Zuchten nicht in einigen großen Räumen, sondern in vielen kleinen Kammern unter[107]). Ich konnte mich selbst überzeugen, wie einzelne Zimmer der Massenzuchten vollkommen mit Kreidesucht[108]) verseucht waren, während direkt

---

| | | | |
|---|---|---|---|
| 4. Periode | $8^1/_2$ | ital. Normalhürden = | ca. 24,48 qm |
| 5. „ | 20 | „ „ = | „ 57,60 „ |

bis zum Spinnen.

[104]) Siehe Abb. S. 34. Vgl. Gebbing S. 107.

[105]) Friauler System = F-System. Bei diesem werden zeltähnliche Gestelle aufgeschlagen, auf welchen ganze Zweige angelehnt werden. Die Raupen kriechen von den abgefressenen Zweigen auf die frischen, erstere können nach dem Standortswechsel entfernt werden (Abb. S. 40 unten).

[106]) 30% mehr Raum wird bei dem F-System beansprucht.

[107]) Diese Art hat den Vorteil der Isolation verseuchter Bestände.

[108]) Kreidesucht (ital. Calcino). Eine Krankheit, bei welcher der Raupenkörper nach und nach vollständig weiß und hart wird und wie ein Stück Kreide aussieht. Daher der Name Calcino (Kreide).

daneben und dazwischen liegende Kammern fast keine kranken Raupen aufwiesen.

Allgemein findet man, daß die Bauern im Verhältnis zu ihren verfügbaren Räumen zu viel Raupen aufziehen wollen. Die Tiere sind dicht gedrängt, behindern sich in der allerdings geringen Bewegung, beschmutzen sich gegenseitig das Futter und die Gefahr der Kontaktansteckung ist erheblich.

An Utensilien für die Zucht werden benötigt: Die Gestelle, die Hürden, Packpapier, Thermometer, Umbettungsnetze und Körbe oder Schürzen zum Futtern. Die Ausgaben hierfür sind gering. Die italienischen Bauern sind mit den deutschen Bauern nicht zu vergleichen, da letztere nur Bauern sind, während jene ein Gemisch von Bauer, Zimmermann, Maurer oder sonstigem Handwerker darstellen. Der Italiener zimmert sich selbst seine Gestelle und Raupenhürden[109]). Die geringen Ausgaben können in Italien kaum berechnet werden. Viele Utensilien können jahrelang benutzt werden. Das Ursprungsmaterial ist zum Teil Abfall. Die Lüftung läßt, wie erwähnt, in vielen Zuchten zu wünschen übrig. Die Bauern können sich trotz intensiver Aufklärung nicht daran gewöhnen, ihren Raupen Luft und Licht (abgedämpft) zu gewähren. Meist herrscht in den Räumen ein stinkender Dunst, der bei der offenen Kaminfeuerung, wenn diese nicht vorhanden ist, bei ganz offenen, auf Steinplatten entzündeten Holzfeuern einen ziemlich starken Rauch in Verbindung mit Kohlensäure enthält. Nur ganz wenige[110]) fortschrittliche Bauern züchteten hell und ohne Heizung.

Die Heizung spielt nur in kalten Jahren wie 1926 eine Rolle. Doch heizen die Bauern auch in warmen Jahren, da sie die Zuchträume gegen die äußere Hitze vollständig abschließen. Ich stellte fest, daß bei der Außentemperatur von 25° R in den Räumen 17,5° R war. Dabei brannte aber ein starkes Holzfeuer. Durch die Erwärmung wird die schlechte Luft durch den Kamin abgeleitet; doch kann derselbe Zweck leichter und billiger durch sachgemäße Lüftung erreicht werden.

---

[109]) Gebbing, Seidenraupenzucht, gibt S. 35 an, daß die Hürden aus einem Rohrgeflecht hergestellt sind. Dies entspricht m. E. nicht der Praxis. Für die Hürden wird als Unterlage alles benutzt, Maschendraht, Pappe, Rohr, Papier, Strohmatten, Holzbretter, Holzgitter, je nachdem der Züchter Geld und Material besitzt und welcher Brauch in dem betr. Landgebiet üblich ist.

[110]) Trotz andauernder Belehrung durch die Landwirtschaftskammern.

Mailänder Hürdensystem.
Um das ganze Gestell aufnehmen zu können, wurde die Aufnahme vom Fußboden aus gemacht.

Raupenbett auf einer italienischen (Mailänder) Hürde.

Frauen beim Sortieren der Raupenbestände. Dies Sortieren geschieht außerhalb des Hauses im Schatten, da die Bauern wegen der übrigen im Zuchtraum befindlichen Raupen kein Tageslicht hineinlassen wollen, welches sie zum genauen Erkennen kranker und gesunder Raupen benötigen.

Vorteil und Nachteil beider Systeme.

Das Arbeitsverhältnis bei einer Aufzucht von 7 Unzen ist etwa folgendes:

| | Laub-sammler | Laub-schneider | Pflege | |
|---|---|---|---|---|
| Mailänder A-System | 3–4 Pers. | 1—2 Pers. | 9 Pers. | im Durchschn. der ganzen Zuchtperiode |
| Friauler System[111] | 2—3 „ | — | 5 „ | |

Die Vorteile des F-Systems sind:

1. Arbeitsersparung. Das Personenverhältnis ist 5:9.
2. Futterersparnis. Während die Raupen auf den alten Hürden ihr Futter beschmutzen, hier und dort fressen, die unteren Blattschichten bald zu gähren beginnen und ungenießbar werden, ist dies alles bei dem F-System unmöglich. Die vollständigen Zweige werden auf die im Winkel von 45—60 Grad stehenden Gestelle aufgelegt. Die Raupen sind gezwungen, zu klettern und wenn sie an ein Blatt gekommen sind, fressen sie es vollkommen auf, da die Kletterei mühsam ist. Erfahrene Züchter rechnen mit einem Blattverlust von 35 und mehr Prozent bei dem alten, 5—10%[112]) bei dem F-System.
3. Übersichtlichkeit. Man kann sofort kranke Raupen erkennen, da die Hürden leicht zu übersehen sind. Herunterfallende Raupen sind in der Regel schwach. Die Pflegerin besieht jedes heruntergefallene Tier auf Konstitution[113]) und verbrennt die Raupe, falls sie krank ist, setzt sie auf die Hürde, wenn sie stark und gesund ist, und nur durch irgendeinen Zufall herunterfiel.
4. Ventilation. Die Luft kann ungehindert an die Raupen heranstreichen[114]).
5. Umbetten, eine zeitraubende Beschäftigung, fällt fort.

---

[111]) Vielfach werden die kleinen Raupen erst nach der dritten Häutung auf die Friaulaner-Gestelle gesetzt. Vorher füttert man sie ähnlich wie beim Mailänder System auf flachen Hürden.

[112]) Bei geschicktem Hantieren noch weniger Verlust.

[113]) Vgl. Text S. 4.

[114]) Die Böcke sollen so stehen, daß ein schwacher Luftstrom parallel den langen Flächen gehen kann.

6. Sauberes Futter. Der Kot fällt herunter, ohne andere Blätter zu beschmutzen, und kann unten weggefegt werden.

Die Nachteile des F-Systems sind in der Raumfrage begründet [115]).

Eine Zuchtperiode [116]) dauert 28—35 Tage, je nach Fütterung und Klima. Es gibt in Italien nur eine Zucht pro Jahr. Versuche mit einer zweiten Zucht ergaben einen Ertrag von nur 20—25 kg [117]) im Gegensatz zu sonst annähernd 50 kg. Außerdem stoßen die Erntearbeiten mit einer zweiten Zucht zusammen und die Einteilung des zweiten Laubes ist nicht leicht zu lösen [118]).

Der Laubverbrauch ist bei den zwei Zuchten sehr verschieden. Die Züchter [119]) rechnen bei dem alten System mit 1000—1300 kg Laub pro Unze, wobei der hohe Laubverbrauch durch schlecht gewordenes Futter zu erklären ist.

Die Züchter besorgen sich die Spinnreiser [120]) größtenteils selber. Im Interesse unbeschädigter Kokons verwendet man trockene Zweige einer Erikaart, welche sehr weich sind und durch ihren an Thymian erinnernden Geruch, wie mir verschiedentlich erklärt wurde, die Raupen anlocken soll. Raps-, Rübsen- und anderes Stroh, geflochtenes Schilfrohr, Brennreisig werden ebenfalls als Spinnreiser verwandt. Die Kosten sind so gering, daß sie in einer Rentabilitätsberechnung unberücksichtigt bleiben können.

In den Jahren wie 1926 mit vielen Niederschlägen und trüber Witterung tritt die Kreidesucht (Calcino) unter Umständen sehr bösartig auf. Ich sah Zuchten, die 50 % Verlust hatten [121]). Bei den Hürden übereinander ist die Ansteckungsgefahr größer, weil die nicht rechtzeitig als krank erkannten Raupen viele

[115]) Die anderen Systeme, deren es eine Unmenge gibt, sind nicht allgemein eingeführt. Ich beschränke mich auf die zwei Hauptarten und verweise bezüglich der anderen Systeme auf Gebbing, Die Seidenraupenzucht, und Silbermann, Die Seide.

[116]) Zuchtperiode = Aufzuchtperiode.

[117]) Professor Basso stellte mehrere Versuche an mit obigem Resultat.

[118]) Die Regierung prüft zur Zeit diese Fragen sehr intensiv und hat mehrere Expeditionen dieserhalb ins Ausland entsandt.

[119]) Züchter = Aufzüchter; vielfach = Pfleger der Raupen.

[120]) Spinnreiser: Material, in welches die Raupen ihre Gespinste hineinspinnen.

[121]) Bei Cusago sah ich eine Zucht, die über 80 % Verluste hatte.

Leere Schenne, in welcher zur Zuchtzeit Raupen nach dem Friaula-System aufgezogen werden. Von Pfeiler zu Pfeiler werden unterhalb des Dachfirstes Balken angeschlagen, an welchen lange aufziehbare Strohmatten hängen, die den Abschluß zur Außenluft bilden.

Friaula-Zuchtgestell mit aufgestellten ganzen Zweigen. Die Aufnahme wurde $^1/_2$ Stunde nach der Fütterung gemacht. Die Raupen sind bereits über das ganze Laub der Zweige verteilt. Im Hintergrunde sieht man ein aufgeschlagenes Gestell ohne Belag mit Packpapier.

andere durch Berührung anstecken können, außerdem die schlechten, nicht rechtzeitig entfernten Blattmengen eine Infektion begünstigen. Die Bauern suchen zwar täglich die toten, an der gelben Farbe sofort zu erkennenden Raupen heraus, in Erkenntnis des gefährlichen Feindes, doch läßt das in der Literatur so häufig erwähnte Umbetten teilweise sehr zu wünschen übrig. 8—10 Tage und noch länger ließen manche Züchter die Blätter liegen, und ließen die Betten nur nach den Häutungen wechseln. Ist eine Raupe angesteckt, stirbt sie infolge Durchwucherung des ganzen Körpers mit einem Pilz (Botytis bassiana Bls.); im vierten Krankheitsstadium (die Raupe ist bereits tot) ist die Ansteckungsgefahr am größten, da der Pilz die äußere Haut durchbrochen hat und als weißlicher Überzug (schimmel- oder mehlartig) auf dem Körper liegt. Zum Schluß wird die Raupe vollkommen hart[122])[123]). Die Kreidesucht kommt m. E. in der Hauptsache für Deutschland in Frage, da das deutsche Klima kühler ist als das italienische[124]). Wie verheerend die Kreidesucht auftreten kann, sieht man an dem Distrikt Casanova, wo man 1926 mit einem Ausfall von 25000 kg[125]) Kokons rechnete. An gefährlichen Krankheiten sind noch zu nennen die Pebrine, die dank der Pasteurschen Zellenmethode den „großen Schrecken" verloren hat, die „Schlafsucht", die „Abzehrung" und die „Gelbsucht". Ich gehe nicht näher auf sie ein, da sie von berufener Feder beschrieben sind[126]).

Der Kokonertrag schwankt nach Jahr, Aufzucht, Rasse, Lage und Gesundheit von 55—80 kg frischer Kokons pro Unze[127]). Die bei der Kreidesucht erst nach dem Einspinnen krepierten Raupen wiegen nur so schwer, wie schon eine getrocknete Puppe, und die Züchter müssen die Seide geradezu verschenken. Es sei denn, daß sie selbst die Kokons abtöten und trocknen lassen. Bei dem Verfahren hätten sie weniger Verlust, doch haben im allgemeinen nur die Filanden Vorrichtungen zum Trocknen.

---

[122]) Daher auch der Name „Starrsucht".

[123]) Vgl. Nikolay S. 71 und die bunten Abbildungen 3, 4.

[124]) Vgl. Maas, Bemerkungen zur Einführung der Seidenraupenzucht in Deutschland, Berlin (Verlag Parey) 1916, S. 10.

[125]) In normalen Jahren werden dort 35000 kg Kokons erzeugt, 1926 war die Ernte nur 10000 kg.

[126]) Gebbing, Die Seidenraupenzucht S. 91—113; ferner Silbermann, Seitz, Nikolay, Bolle.

[127]) Colombo, Sunto delle lezioni di Merceologia e Tecnologia dei Bozzoli e della Seta, Milano (Tipographia Fratelli Laucani) 1917; Maas, Bemerkungen zur Einführung der Seidenraupenzucht in Deutschland S. 11.

Das Durchschnittsgewicht eines italienischen Kokons beträgt 558 mg bis 1.020 g. Erfahrene Spinner rechnen mit einem Ertrag (Prima Filanden-Auslese) von 1100—1300 Kokons pro Kilogramm.

Hundert Kilogramm frische Kokons ergeben 31—38 kg trockene Kokons, je nach Rasse, Aufzuchtgebiet und Aufzuchtverhältnissen (Verhältnis im Durchschnitt 3:1). Geschäftstüchtige Spinner kaufen am liebsten bei windigem, sonnigen Wetter um die Mittagszeit ein, da sie u. U. bei der Trocknung durch diese beiden Faktoren einen direkten Gewinn von 2 % haben können. Die durchschnittliche Fadenlänge[128]) schwankt zwischen 600 und 900 m haspelbarem Faden.

Bei dem Abmachen der Kokons von den Hürden sortieren die Frauen diese gleich in 3—4 Partien:

1. Sorte allererste Marktware
2. „ Marktware mit Druckstellen
3. „ tote Kokons mit Flecken[129])
4. Duppionen[130])[131]).

Vielfach lassen die Züchter die Kokons vor einer Drahtwalze laufen, um einen Teil der Flockseide (Anfangsfäden) wegzubringen. Die Kokons sehen nach der Behandlung sehr glatt aus, außerdem können die Bauern die abfallende Seide noch als Kissenfüllung gebrauchen, oder als Schappematerial an die Händler verkaufen. Die Marktgebräuche sind sehr verschieden. An einigen Orten bringen die Bauern ihre ganze Produktion zu dem nächstliegenden Markt hin, an anderen Märkten nur Proben, auf deren Basis das Geschäft abgeschlossen wird. Die ersten Märkte werden allgemein nur als Orientierungstage benutzt, Geschäfte werden kaum getätigt.

Die Arbeiter und Bauern ziehen von einer halben bis fünf Unzen im allgemeinen auf; wieviel ein jeder züchtet, hängt ab:

1. von seinen sonstigen Einnahmen,
2. von dem verfügbaren Platz,
3. von der Zahl der Familienmitglieder als Helfer,

---

[128]) Gemeint ist die technisch für Grége verwendbare Fadenlänge.

[129]) Bei manchen Krankheiten sterben die Tiere während des Spinnens und verwesen. Dadurch entsteht im Kokon eine stinkende Jauche, die den Kokon stellenweise durchtränkt.

[130]) Zwei Raupen haben gemeinsam einen Kokon gesponnen.

[131]) Wird eine von den zwei Raupen während des Einspinnens krank, so spinnt die gesunde Raupe eine Zwischenwand, um sich vor Ansteckung zu schützen.

Bäuerin beim Bereiten der Spinnreiser.

4. von den vorhandenen Maulbeerbäumen,
5. von seiner Erfahrung als Züchter.

Je unerfahrener ein Seidenbauer ist, um so geringer soll seine Aufzuchtmenge sein, da selbst bei Vorhandensein aller günstigen Voraussetzungen (2.—4.) Mißerfolge eintreten müssen. „Die Seidenzucht ist eine Traditionsfrage, die nicht von heute auf morgen gelöst wird, sondern die jahrzehntelanger Einführung mit größtmöglicher Unterstützung durch den Staat bedarf.“

Je reicher ein Land ist, um so weniger wird Seidenbau getrieben, da die Einnahmen aus diesem geringer sind als die hoher landwirtschaftlicher Kulturen. Der Anteil der Seidenkultur im Verhältnis zu den sonstigen Erwerbsquellen ist aus nachfolgender Tabelle zu ersehen. Es ist in Distrikten:

| | | | |
|---|---|---|---|
| 1. Kl. | mit erstkl. Boden in bester Kultur | Seidenkultur nicht vorhanden | Prozentuale Einnahme = 0 |
| 2. Kl. | mit wüchsigem Boden | schwache Seidenkultur | $^1/_6$—$^1/_4$ der Gesamteinnahmen |
| 3. Kl. | mit noch gutem Boden | stärkere Seidenkultur | $^1/_4$—$^1/_2$ der Gesamteinnahmen |
| 4. Kl. | mit geringem Boden | stärkste Seidenkultur | $^1/_2$—$^3/_4$ der Gesamteinnahmen |

Bei dieser Tabelle muß berücksichtigt werden, daß ungünstige Faktoren für reine Landwirtschaft, z. B. weite Bahnverbindungen, regelmäßiger Schädlingsbefall, Frost- oder Hagelgebiet usw. prozentual auf schlechten Boden angerechnet wurden.

Sehr schlimm ist es für den Seidenbauer, wenn seine Maulbeerkulturen durch Frost vernichtet wurden und er Laub kaufen muß. Nehmen wir das Beispiel von 5 Unzen Samen:

| | | |
|---|---|---|
| 5 Unzen zu 60 kg Kok. = 300 kg Kok. zu 25 Lire = | 7500 | Lire[132]) |
| Ausgaben für Samen und Material | 400 | „ |
| 5000 kg Laub (100 Lire per 100 kg) | 5000 | „ |
| Der Verdienst beträgt | 2100 | „ = 389,67 Mk. |

Um 2100 Lire verdienen zu können, würde der Bauer nicht mit seiner ganzen Familie ca. 5—6 Wochen von früh bis spät tätig sein. Er gibt lieber die Zucht auf. Auch kurze Perioden mit gekauftem Laub drücken den geldlichen Gewinn, besonders

[132]) Durchschnitt Mai/Juni 1926: 100 Lire = 18,56 Mk.

gegen Zuchtende, wo die Raupen unglaubliche Mengen fressen und zu gleicher Zeit die Spekulation die Blattpreise in die Höhe schnellen läßt (bei plötzlichen Frostschäden die Regel).

Ertragsmittelwerte.

| Unzen | Altes System | | | Friauler System | | | Ertrag | | | |
|---|---|---|---|---|---|---|---|---|---|---|
| | Laubm. kg | Baumz. | cbm Raum | Laubm. kg | Baumz. | cbm Raum | Kokonertrag | Erlös | Samen | Verd. i. Lire |
| $^{1}/_{2}$ | 600 | 15 | 60 | 400 | 9—10 | 80 | 30 | 750 | 30 | 720 |
| 1 | 1200 | 30 | 120 | 800 | 20 | 160 | 60 | 1500 | 60 | 1440 |
| 2 | 2400 | 60 | 240 | 1600 | 40 | 320 | 120 | 3000 | 120 | 2880 |
| 3 | 3600 | 90 | 360 | 2400 | 60 | 400 | 180 | 4500 | 180 | 4320 |
| 4 | 4800 | 120 | 480 | 3200 | 80 | 480 | 240 | 6000 | 240 | 5760 |
| 5 | 6000 | 150 | 600 | 4000 | 100 | 600 | 300 | 7500 | 300 | 7200 |

Arbeiterzuchten (fast ohne eigenes Laub)

Bauernzuchten

Ab 5 Unzen größere und Großzuchten.

Die Entlohnung familienfremder Arbeiter geschieht wohl fast nur durch Gewinnanteil. Liefert ein Bauer alles an Material (Samen, Hürden, Laub, Reiser) und leistet der Arbeiter nur die Pflege, so erhält er: $^{1}/_{3}$ des Anteils $^{2}/_{3}$ der Besitzer
Im unfreien Pacht- oder Arbeitsverhältnis erhält der Bauer $^{1}/_{2}$ „ „ $^{1}/_{2}$ „ „
Im freien Pachtverhältnis $^{2}/_{3}$ „ „ $^{1}/_{3}$ „ „
Der Anteil richtet sich ganz nach dem persönlichen Verhältnis des Pächters zum Verpächter, d. h. dem Pachtvertrag, Durch die Gewinnbeteiligung ist allersorgsamste Pflege der Raupen gewährleistet, da sonst kein Geld bezahlt wird. Die Löhne in Italien sind bedeutend niedriger als in Deutschland, wenn man auch in Italien für den erzielten Lohn annähernd das kaufen kann, wie mit dem deutschen Lohn in Deutschland.

Der Staat leistet in keiner Form Beihilfen für die Seidenzucht, nur indirekt dadurch, daß er seine Landwirtschaftsministerien und Einrichtungen mit reichen Etats ausstattet und für die nötige Aufklärung der Bauern durch Professoren sorgt. Als 1926 infolge der großen Frostschäden die Seidenzucht in manchen Gebieten vor dem Erliegen war, griff der Staat einmalig großzügig ein und stellte auf Anforderung jede Menge Militärtrans-

Mailänder Hürdengestell mit aufgestellten Spinnreisern. Die größte Masse der Raupen kriecht noch auf dem Bett.

Ein ähnliches Aufzuchtgestell, bei der die größte Masse der Raupen schon auf den Spinnreisern sitzt.

Die Raupen haben Eile, zu spinnen und kriechen wenige Minuten nach Aufstellen des Spinngerüstes an dieses heran.

portautos zur Verfügung, um Laub aus unversehrten Gebieten in die bedrohten zu bringen. Hätten die Bauern neben den zum Teil großen Laubausgaben noch den Transport bezahlen müssen, wäre keine Lire an der Zucht verdient worden. Diese Hilfsaktion ist als Subvention, nur aus der Not geboren, aufzufassen. Regelmäßig wird keine geleistet.

Das Geschäft des Lohnspinnens wird so angesetzt, daß der Kokonkäufer mit dem Spinner einen Vertrag auf Grund der „Rendita“ [133]) macht. Die Kokons werden vorher untersucht auf Seidenreichtum und andere Eigenschaften. Das Ergebnis ist bindend bei Ablieferung der Rohseide. Schlägt der Spinner mehr an Seide aus den Kokons, so gehört ihm das „Mehr“, d. h. er darf es frei verkaufen. Ist die Ausbeute geringer, muß der Spinner die fehlende Quantität ersetzen. So kommt es auch, daß ein Unterschied zwischen Spinnerpreis und Großhandelspreis alle Stufen durchlaufen kann, zumal gerade bei dem Fertigprodukt die Spekulation eine große Rolle spielt. In der Campagne 1925/26 haben die meisten Spinner mit Verlust oder wenigstens ohne Nutzen gearbeitet. Der Anteil der Struse [134]) an der Gesamtmenge Kokons beträgt etwa 20 %, der des Ricotto [135]) etwa 15 %. Hat der Spinner die nötige Quantität Kokons eingekauft, rechnet er rund 20 % Struse und verkauft diese Menge lieferbar in vier Teilen an die Schappespinnereien. Bei günstigem Preis [136]) kann der Spinner billiger spinnen als bei ungünstigem.

Direkte Seidenzuchtvereine gibt es nicht. Die gesamte Landwirtschaft ist wie in Deutschland in landwirtschaftlichen Vereinen [137]) zusammengeschlossen. Als Unterstützung hat jede Präfektur eine „Catedra ambolante di Agricoltura“ angegliedert mit hervorragend wissenschaftlich arbeitenden Praktikern, die ununterbrochen die Bauern aufsuchen und belehren. Die Mittel zur Unterhaltung stellt der Staat und, zum mehr oder minder großen Teil, die landwirtschaftlichen Verbände. Diese erwähnten Institute arbeiten fortgesetzt für den Seidenbau und stellen Versuche mit Rassen und deren Kreuzungen an. Der größte Seiden-

---

133) Rendita = Ausbeute-Voranschlag.

134) Struse = Flockseide (Befestigungsfäden des Kokons und Anfangsfäden.

135) Ricotto = Endfäden mit Puppenresten gemischt.

136) Beim Struse-Verkauf an die Schappespinnereien.

137) „Consorci agricoli“.

baukenner Italiens ist Professor Colombo[138]), der seine Laboratorien in der Seidentrocknungsanstalt Mailand hat.

Nach der Statistik über die Kokonerzeugung verbrauchte Italien 1925 14431000 dz[139]) Blätter, um 40360000 kg Kokons zu erzielen[140]). Als Mittel der Gesamtproduktion gibt diese Statistik für ganz Italien pro Unze einen Kokonertrag von 50,96 kg an.

An dieser Stelle möchte ich noch einmal auf die Aufzucht zurückkommen. In Deutschland sind augenblicklich starke Bestrebungen im Gange, um die Seidenzucht einzuführen, und von den Anhängern dieser Bestrebungen wird immer wieder erklärt, daß unsere deutschen Raumverhältnisse günstiger als diejenigen Italiens seien, da Italien die Zucht auf dem Erdboden treibe, während wir im Hürdensystem züchten könnten. Die Ansicht ist grundfalsch, denn Italien züchtet bei dem Mailänder System stets mehrere Hürden übereinander[141]) [142]). Von den Gegnern der Einführung in Deutschland hört man oft, daß Italien deswegen günstiger zu veranschlagen wäre als Deutschland, weil dort die Aufzucht im Freien stattfände. Eine Aufzucht im Freien auf Bäumen gibt es selbstverständlich nicht; alle Raupen sind in Zuchträumen untergebracht und erhalten ihr Futter vom Züchter zugewiesen[143]). Lediglich in Ostasien gibt es eine Baumaufzucht, doch nur bei den wilden Spinnern[144]).

Die Rohseidenproduktion Italiens betrug nach der italienischen Statistik[145]):

| Jahr | kg Rohseide aus eigenen Kokons | kg Rohseide aus imp. Kokons | Jahr | kg Rohseide Summe |
|---|---|---|---|---|
| 1918/19 | 2 696 000 | 16 400 | 1918 | 2 712 400 |
| 1919/20 | 1 832 900 | 300 700 | 1919 | 2 133 600 |
| 1920/21 | 3 325 700 | 456 000 | 1920 | 3 781 700 |
| 1921/22 | 3 206 200 | 271 300 | 1921 | 3 477 500 |
| 1922/23 | 3 734 400 | 255 400 | 1922 | 3 989 800 |
| 1923/24 | 4 800 000 | 323 133 | 1923 | 5 223 133 |
| 1924/25 | 5 254 404 | 337 900 | 1924 | 5 592 304 |
| 1925/26 | 4 380 015 | 717 475 | 1925 | 5 097 490 |

[138]) Sein in der Literaturangabe S. 105 erwähntes Buch ist bisher nur im Urtext erschienen.

[139]) dz = Doppelzentner = 100 kg.

[140]) Siehe „Racolta Bozzoli d'Italia" 1925.

[141]) Gebbing erwähnt in seiner „Seidenraupenzucht" auch die Fußbodenzucht.

[142]) Oder Friauler System.

[143]) Vgl. Gutachten der Industrie- und Handelskammer Krefeld.

[144]) Siehe Text S. 6 und folgende.

Ein Spinnbündel mit Raupen beim Spinnprozeß. In der Mitte sieht man eine Raupe, welche die charakteristischen Schlingbewegungen mit dem Kopfe macht. Der weißliche Fleck um die Raupe herum ist der soeben begonnene Kokon.

Die Jahreszahlen in erster Rubrik sind von denen der zweiten dadurch unterschieden, daß erstere die Spanne von Zucht zu Zucht darstellen, die letzteren die Spanne vom 1. Januar zum 1. Januar (Wirtschaftsjahr). — Das Resultat kann infolgedessen nach den Käufen variieren.

### g) Frankreich.

Frankreich verarbeitete Seide schon im 14. und 15. Jahrhundert, doch kam dieser Erwerbszweig erst im 17. Jahrhundert zur vollen Geltung, als es selbst Seidenzucht trieb. Die höchste Blüte der Seidenkultur war um 1850; kurze Zeit nachher brach in den Zuchten die verheerende Pébrine aus, der nicht nur die französischen Betriebe, sondern nahezu alle europäischen zum Opfer fielen. Durch die geniale Methode Pasteurs gelang es, die Krankheit in kurzem vollkommen auszuschalten und dadurch die Seidenkultur langsam wieder aufleben zu lassen. Ganz erholt von diesem Schlage hat sich Frankreich nie. Vor der Seuche erzeugte es ca. 24 000 000 kg Kokons, nach der Krankheit ca. 4 000 000 kg.

Die Erzeugung an Kokons war in 1000 kg:

| | |
|---|---|
| 1820 | 10 000 |
| 1850 | 26 000 |
| 1853 | 24 000 |
| 1858 | 4 000 |
| 1866 | 15 000 |
| 1870 | 10 000 |
| 1900 | 7 000 |
| 1914 | 5 065 |
| 1915/22 | 2 500 |

Frankreichs eigene Kokonproduktion hat somit für das Land selbst augenblicklich keine große Bedeutung, doch kann sie noch sehr wichtig werden, da die französische Seidenindustrie ca. 90% nichtfranzösischer Seiden verarbeitet. Um vom Ausland bezüglich Rohstoffen nicht abhängig zu sein, versucht die französische Regierung in Frankreich selbst den Seidenbau zu fördern (s. weiter unten) und auch in ihren Kolonien und Mandatsgebieten den Seidenbau einzuführen bzw. auszubauen. In Ambrosita wurde 1920 eine Kämmerei-Spinnerei-Weberei-Fabrik gegründet, um

[145]) Colombo, Sunto delle lecioni di Merceologia e Tecnologia dei Bozzoli e della Seta, Milano 1917, S. 1.

die Seide des wilden Spinners „Landi-Be“ zu verwerten (man hofft auf eine Ausbeute von 500 Tonnen). Gleichzeitig kreuzte man den Bombyx mori (chin.) mit einheimischen Rassen und drückte dadurch die Kokonzahl pro kg von 1700 auf 600 herunter, welch letztere Zahl etwa den Cévenner[146]) Sorten entspricht. Von dieser Kreuzungssorte gewann man 1923 200000 kg Kokons; die Regierung hofft 600000 kg Ausbeute bei methodischem Vorgehen gewinnen zu können. In allen Gebieten sind beim Seidenbau gewisse Teilerfolge zu verzeichnen, doch reichen diese nicht aus, um an sich lebensfähig zu sein. „Die Seidenzucht ist eben eine Industrie, bei der die Überlieferung eine große Rolle spielt, und die sich nur schwer in Länder verpflanzen läßt, deren Bevölkerung sie nicht aus alter Gewohnheit ausübt.“

Der Grund für die Bestrebungen Frankreichs, die französische Seidenzucht nicht untergehen zu lassen und in dem tributpflichtigen Ausland den Seidenbau zu stärken, ist die Furcht vor der amerikanischen Konkurrenz.

Der Schwerpunkt der französischen Seidenfrage liegt in der bedeutenden Seidenweberei, die, was Material und Mode anbetrifft, tonangebend für die Welt geworden ist. Wenn auch Lyon als Seidenmarkt für Rohseide von Mailand überflügelt wurde, so hat es als Webereizentrum ausschlaggebende Bedeutung, während Paris (bzw. St. Etienne) verantwortlich für die Mode zeichnen. Die Seidenindustrie ist in allen drei Arten in Frankreich vorhanden, Haspelei, Zwirnerei (Schappespinnerei) und Weberei.

Die geringste Bedeutung hat die Haspelei, die im Gegensatz zu Italien mit veralteten Maschinen arbeitet. Die Grège-Erzeugung ist ca. 500000 kg. Die Zwirnerei hat schon größere Bedeutung mit 1000000 Spindeln und einer Erzeugung von 3000000 kg gezwirnter Seide. Die Schappe-Industrie ist nach der Schweiz die bedeutendste der Welt mit einer Jahresproduktion von 2500000 bis 3000000 kg.

Die größte Bedeutung der französischen Seidenindustrie liegt, wie erwähnt, in der Weberei mit etwa 66000 Webstühlen (Stoff- und Bandwebstühle), von denen etwa 9000 Handwebstühle sind. Der Export an Stoffen und Bändern betrug in kg und Goldfrancs:

| | | | | | | |
|---|---|---|---|---|---|---|
| 1913 . . . . | 6200000 kg | im | Wert | von | frs. | 386000000.— |
| 1923 . . . . | 7600000 „ | „ | „ | „ | „ | 645000000.— |
| 1924 . . . . | 8600000 „ | „ | „ | „ | „ | 845000000.— |

[146]) Bekannte französische Seidengegend.

Bauern beim Abmachen und Sortieren der Kokons. An der Wand sieht man ein mit Kokons besetztes Brennreisigbündel. Vorne liegt ein „abgeerntetes" Bündel.

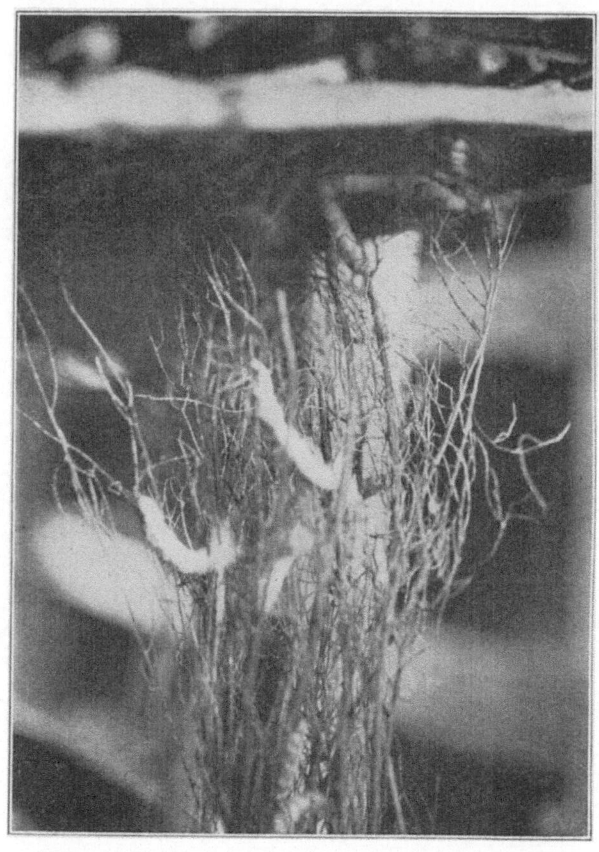

Ein Spinnbündel mit Raupen beim Spinnprozeß. In der Mitte sieht man eine Raupe, welche die charakteristischen Schlingbewegungen mit dem Kopfe macht. Der weißliche Fleck um die Raupe herum ist der soeben begonnene Kokon.

Wenn Frankreich ununterbrochen bestrebt ist, durch Prämien, Stiftungen und anderes mehr dem Seidenbau erhöhte Ausbreitung zu geben bzw. zum mindesten die bisherige Bedeutung zu sichern, so liegt der Grund in der Befürchtung, daß Amerika mit seinem gewaltigen Rohstoffhunger nach und nach sämtliche asiatischen Seiden an sich reißen und somit Frankreich von jeder äußeren Zufuhr abschneiden kann. Daß die Befürchtungen berechtigt sind, zeigt die Entwicklung der amerikanischen Seidenindustrie (siehe Amerika S. 25).

### h) Spanien.

Spanien war das erste Land Europas, in welches die Seidenkultur (durch die Mauren) eingeführt wurde, d. h. in welchem planmäßig Maulbeerbäume gepflanzt, Raupen gezüchtet und Seide von den Kokons abgehaspelt wurde. Unter dem Herrscher Abder Rhaman III. erreichte die Kokonproduktion bereits 10 000 000 kg. Auch nach der Vertreibung der Mauren blieb die Zucht ca 250 Jahre lang der Hauptproduktionszweig der spanischen Landwirtschaft. Es ist somit nicht verwunderlich, wenn das spanische Volksleben eng mit dem Seidenbau verknüpft ist. Mit der Mitte des vorigen Jahrhunderts nahm die Bedeutung der Zuchten stark ab, als die von Frankreich eingeschleppte Raupenseuche ganze Ländereien zur Seidenproduktion unbrauchbar machte. Bis zu diesem Termin hatte Spanien zweifellos die Führung der europäischen Seidenbauländer. Die Kokonerzeugung betrug:

| | |
|---|---|
| 1700 | 12 000 000 kg |
| 1850 | 12 500 000 „ |
| 1861 | 4 500 000 „ |
| 1885 | 673 000 „ |
| 1894 | 1 100 000 „ |
| 1900 | 884 000 „ |
| 1923 | 774 000 „ |
| 1925 | 1 159 000 „ |

Seit einigen Jahren bemüht sich die spanische Regierung, die heruntergegangene Produktion neu zu beleben. Seidenbauschulen wurden gegründet, kostenlos Maulbeerbäume an die Landbevölkerung abgegeben und 900 000 Pesetas pro Jahr zur Ausbreitung der Seidenkultur von der Regierung bereitgestellt. Aus diesem Betrag erhält jeder Seidenbauer 0,50 Pesetas pro kg gewonnene Seide. Die Hauptseidenprovinzen sind Muricia und

Valencia. Genaue Ziffern über die Produktion sind nicht zu erhalten, da keine staatliche Statistik vorliegt. Ungefähr 25% Kokons werden nach Italien und Frankreich ausgeführt, da die einheimischen Haspeleien nicht die anfallende Masse verarbeiten können. 42 Webereien verarbeiten etwa ein Drittel der Spinnproduktion. Die Ausfuhr an Kokons (trocken) betrug:

| | |
|---|---|
| 1922 . . . . . | 96 149 000 kg |
| 1924 . . . . . | 79 084 000 „ |
| 1924 . . . . . | 103 591 000 „ |

### i) Portugal.

Portugal hat infolge sehr strenger Bestimmungen durch Staat und Kirche, hoher Steuern und Festpreise nie eine nennenswerte Produktion an Seide gehabt. Der kleine Aufschwung im 15. Jahrhundert ging bald zurück. Bezüglich Klima und Lage könnte die Zucht florieren, doch behinderten und behindern die sozialen und wirtschaftlichen Verhältnisse.

### k) Ungarn.

Durch den Franzosen de Mercy wurde in Ungarn die Seidenzucht eingeführt, Der Staat bestimmte zwangsweise alles, was mit dem Seidenbau zusammenhing. Die Erzeugung stieg von 55 000 kg Kokons (1783) auf 100 000 kg (1785), weiter auf 800 000 kg (1825), hielt sich dann einige Zeit lang annähernd stabil, um dann rapide zu sinken. 1870 betrug die Ausbeute nur etwa ca. 5000 kg Kokons.

Durch die Erfahrung schlau geworden, versuchte die Regierung auf entgegengesetztem Wege die Seidenbaueinführung durchzusetzen. Während sie im 17. Jahrhundert alles durch Zwang erreichen wollte, versuchte sie es 1880 mit absolut freiwirtschaftlicher Tendenz. Die Einführung wurde von der Regierung einem Privatmann übergeben, der die volle Unterstützung des Staates hatte, zinsfrei und kostenlos Kapital erhielt, und der bestimmen durfte, was er zwecks Einführung für richtig hielt. Dieser Weg war erfolgreich, denn wenn 1880 160 kg Grège erzeugt wurde, stieg die Seidenproduktion rapide:

| | | |
|---|---|---|
| 1884 | auf | 9 770 kg |
| 1890 | „ | 86 925 „ |
| 1896 | „ | 135 650 „ |
| 1905 | „ | 164 000 „ |
| 1909 | „ | 144 000 „ |

Der Staat unterhielt 60 Baumschulen, die an arme Leute kostenlos, sonst verbilligt Bäume abgaben, sorgte für Aufklärung durch Vorträge, Lichtbilder und Kalender, sowie für guten Samen durch eine Mikroskopieranstalt unter Leitung des berühmten Johann Bolle, Direktor der K. K. Versuchsanstalt Görz.

Das Land war in 7 Oberinspektionen und 72 Inspektionen eingeteilt, jede Inspektion umfaßt ca 20 Gemeinden. 9 Haspeleien sorgten für die Verarbeitung der Kokons. 1923 wurde neben einer schon bestehenden Weberei, die mit großen Privilegien ausgerüstet war, eine zweite auf Veranlassung der Königlich Ungarischen Seidenspinnerei AG.[147]) gegründet.

### l) Österreich

hat ca. 80 % seiner Webereien durch den Versailler Vertrag an die Tschecho-Slowakei verloren, doch hat Wien als Umschlagplatz für südosteuropäische Seiden seine Bedeutung behalten. Die einheimische Kokonerzeugung ist im Vergleich zur Produktion vor dem Kriege unbedeutend.

---

147) Die Fabrik ist mit modernen Schweizer Webstühlen ausgestattet, durch welche man indirekt auf eine weitere Steigerung der Seidenerzeugung hofft, bei gleichzeitigem Nachlaß der Einfuhr fertiger Seidengewebe.

# III. Der Kokon.

## 1. Die Gewinnung der Rohseide.

Der Kokon ist, wie wir eingangs erfuhren, die Schutzhülle der Puppe, in welcher diese bis zum Ausschlüpfen lagert. Um sich von der Hülle freizumachen, spritzt der Falter seinen alkalischen Magensaft an die Wand, welche dadurch in ihrer Verbindung gelockert wird. Das Fadengewirr wird beiseite geschoben, bis ein kleines Loch entsteht, durch welches der junge Falter hinauskriecht. Durch dieses Beiseiteschieben der Fäden wird die regelmäßige Fadenlage durcheinander gebracht, und der Kokon eignet sich nicht mehr zum normalen Haspelprozeß. Um das Schlüpfen zu verhindern, tötet man die Puppen vorher ab, primitiv durch Sonnenbestrahlung (Mandschurei und Indien) oder durch heiße Dämpfe (Indien), oder modern in sogenannten Trockenöfen. Diese Öfen haben zweierlei Aufgaben, einmal die des Abtötens, das andere Mal die des Trocknens. Eine abgetötete Puppe enthält immerhin noch soviel Wasser, daß eine Verwesung eintreten würde. Es gibt Öfen, die mit den Abgasen der Antriebsmaschinen der Haspelei geheizt werden, wie auch solche mit besonderer Heizvorrichtung. Ist bei einer Spinnerei ein Posten frischer Kokons eingelaufen, wird die Masse schnell durch den Ofen geschickt, um abzutöten. Sodann wird der ganze Posten hintereinander noch einmal durchgeschickt, um zu trocknen. Die Öfen, meist gemauert, bestehen je nach Größe der Haspelei aus zahlreichen Abteilungen. In der ersten Zelle herrscht eine Temperatur von ca. 60° C. Durch eine einfache Klappvorrichtung schüttet man den Inhalt der ersten in die zweite Zelle mit etwas höherer Temperatur, gleichzeitig die Masse der zweiten Zelle in die dritte, usw.

Der Inhalt der letzten Abteilung hat mit einer Temperatur von 90° C die nötige Trockenheit erreicht und wird ins Lager gebracht, wo er bis zur Verarbeitung lagern kann. Nach einer Zeitungsnotiz hat Professor G. Bertrand vom Pasteur-

Spinnerinnen vor dem Spinnbecken. Vorne sieht man die Körbe mit Kokons stehen. Die runden Kessel enthalten die Vorrichtung zum „Anreißen".

Haspel, auf welche der fertige Grègefaden aufläuft. Die messerartigen Gebilde im Vordergrunde sind Latten (vgl. Textseite 54). Die ganze Haspel befindet sich in einem geschlossenen Kasten, dessen Deckel heruntergeklappt ist, um die Aufnahme machen zu können.

Institut für ein Kampfgas eine friedliche Verwendung gefunden. Die Puppen werden nämlich schon durch kleine Mengen von Chlorpikrin abgetötet, „daß sich als außerordentlich praktisch und leicht zu handhaben erwiesen hat. Seine Verwendung zeigt auch große Vorteile gegenüber der Puppentötung vermittels Kochen oder Behandlung mit Dampf. Nach dem gegenwärtigen Verfahren der Seidenzucht mußten alle Konkons innerhalb 2—3 Wochen verkauft werden, während die Verwendung von Chlorpikrin die Möglichkeit bietet, die Kokons als unverderbliche Ware erst dann zu verkaufen, wenn die Marktlage günstig ist [1])."

Bei dem Haspelprozeß will ich den modernen Betrieb schildern, der sich von der alten Rohseidengewinnung nur dadurch unterscheidet, daß bei letzterem alles manuell ausgeführt wird. Die Gewinnung geht in den Haspeleien vor sich (in Italien wird für Haspelei meist Spinnerei gesagt). Die Anlage besteht aus dem Spinnbecken, den Bürstenbecken und den Winderädern, auf welche die fertige Seide aufgewickelt wird [2]). Die Spinnerinnen sitzen hinter dem Spinnbecken [3]) und erhalten von den Lehrmädchen die im Bürstenbassin vorbereiteten Kokons. Die Vorbereitung geschieht mit dem Aufsuchen des Fadenanfanges. Früher geschah dies Aufsuchen mit einer feinen Rute, welche die Spinnerin in dem warmen Wasser [4]) (dieses löst das Sericin) hin und her schlug, bis der Anfangsfaden hängen blieb.

Heute geschieht das Aufsuchen maschinell. Eine wagerechte Bürste hängt mit den Borsten über dem Wasser, in welchem die Kokons schwimmen, und bewegt sich um den Mittelpunkt hin und her. Die Kokons machen dieselben Bewegungen mit, und bei dem ganz leichten Drüberhinstreichen der Borsten auf dem Kokon werden die obersten Fadenlagen von diesen mitgenommen, bis der ununterbrochene Faden allein „hängt".

Sind mehrere Kokons „angerissen", werden die feinen Fäden je nach der erstrebten Grègestärke zu fünf, sechs, sieben und mehr Fäden zu einem Rohseidenfaden (G-Faden) vereinigt. Nach Ver-

---

[1]) Zu dieser Notiz ist zu sagen, daß für die Bauern aus dieser „Erfindung" kein Vorteil zu ziehen ist. Ein Seidenraupenzüchter kann nicht mit Chlorpikrin umgehen, ohne die ganze Umgebung zu gefährden. Das Verfahren könnte unter Umständen für die Filanden (Haspelanstalten) von Nutzen sein.

[2]) Siehe Silbermann, Die Seide S. 357 ff.

[3]) Siehe Abb. S. 52.

[4]) Zum Teil wird dem Wasser Seife zugesetzt.

einigung läuft der Faden durch verschiedene Ösen, die das mitlaufende Seifenwasser bzw. Wasser abstreifen. Nach der letzten Öse läuft der fertige Grègefaden auf die im geheizten Kasten befindliche Haspel, welche sich automatisch schnell nach rechts und links bewegt, und dadurch eine Kreuzhaspelung[5]) erzielt.

Der Kokonfaden hat am Anfang und Ende den geringsten, in der Mitte den größten Durchmesser[6]). Würde eine Spinnerin mehrere Kokons zu gleicher Zeit beginnen, hätte der Grègefaden dieselbe Längenstruktur wie der Kokonfaden, d. h. er würde im Anfang dünn sein, in der Mitte stark werden, um am Ende des Fadens wieder schwach zu sein. Ein solches Material ist zur Weberei ungeeignet. Die Spinnerin hat dafür zu sorgen, daß beispielsweise zu einem Grègefaden vereinigt werden: zwei Kokonfäden in der Anfangsstärke, drei Kokonfäden mit voller Mittelstärke, ein Faden mit der Endstärke.

Sämtliche sechs Fäden geben z. B. einen Titer von 15—17 den. Die zwei Fäden des Anfangs werden bei dem Prozeß langsam auf Mittelstärke angekommen sein. Der Endfaden ist beendet, doch durch einen Faden der Mittelstärke ersetzt. Die drei Mittelfäden sind zu verschiedener Zeit begonnen, so daß einer der drei schon schwächer als die drei anderen ist. Für die ersten zwei Fäden hat die Spinnerin zwei neue Kokons angeworfen. Dies „Anwerfen" geschieht so, daß die Spinnerin den Kokon an den Grègefaden ruckartig anwirft sodaß der Anfang des neuen Kokons sich um den bestehenden Faden herumschlingt, und bei der klebrigen Verfassung durch fortgesetzten Zug mit in die Höhe läuft, d. h. mit auf die Hapsel kommt. Von der Kunst des Anwerfens hängt zum Teil die Güte des Materials ab[7]). Die Anwurfsstelle soll so gering sein, daß man sie technisch nicht bemerken kann. Je nach der erwünschten Stärke werden in entsprechendem Maße die Kokonfäden zusammengestellt für Titer wie: 11—13, 12—14, 13 –15, 14—16, 15—17, 17—19 usf. Der Grègefaden erhält auf der Winde (Haspel) viele Knickpunkte durch die vorstehenden Latten[8]), da er ja noch im nassem Zustande aufgewickelt wird. Um diese Knickstellen zu ver-

---

[5]) Dieses System, „Grant-System" genannt, bietet den Vorteil, daß das Fadenende mit einem Griff gefunden werden kann. Bei dem alten System lief der Faden parallel den andern und sein Ende war nicht zu finden.

[6]) Colombo, Abschn. Il Bozzolo.

[7]) Silbermann, Die Seide S. 369 und Abb. S. 214–217.

[8]) Siehe Abb. S. 52.

Apparat zur Bestimmung der Reinheit der Seide. Rechts außerhalb des Bildes befinden sich die Spulen bzw. Stränge, deren Faden über die schwarze rotierende Trommel läuft. Vor dem Tisch steht die Arbeiterin, welche auf der schwarzen Trommel vorkommende Unregelmäßigkeiten des Fadens sehr gut feststellen kann.

hindern, hat die Seidentrocknungsanstalt Mailand eine sinnreiche Vorrichtung ausgearbeitet, durch welche der Faden nach dem Verlassen der letzten Öse vermittels eines Wärmerohrs getrocknet wird und dann erst auf die Haspel kommt [9]).

Neuerdings haben moderne Spinnereien automatische Haspeln, bei denen die Kunst des Anwerfens durch die Maschine ersetzt ist [10]). Die Konstruktion des Apparates zu erklären, würde zu weit führen. Erwähnen will ich nur, daß eine bedeutende Arbeitersparnis zu erzielen ist. Eine Spinnerin leistet nach der alten Methode 500 g Rohseide täglich, und mit der automatischen Methode 700 g [11]). Dabei konnte man die interessante Tatsache feststellen, daß die auf das alte System eingearbeiteten Spinnerinnen weniger leisteten, als jung angelernte Lehrmächden [12]).

Bevor ich zur Verarbeitung der Rohseide übergehe, will ich die Verwertung der Abfälle kurz streifen. Unter den Seidenabfällen darf man sich nicht ein Material entsprechend dem Worte „Abfall" vorstellen, sondern diese sogenannten Abfälle stellen ein sehr wertvolles Material für die Schappegewinnung dar. Sie entstehen beim Anfang des Haspelns (die Anfangs- wie auch Endfäden des Kokons sind zur Rohseidengewinnung unbrauchbar, da der Durchmesser zu fein ist und außerdem die Lagen durcheinander gebracht sind). Ferner gelten als Abfälle Kokons, die durch Mäuse, Ratten und Insekten angefressen wurden, ferner geschlüpfte Kokons und solche, die durch den Transport beschädigt wurden. Der Spinner [13]) rechnet von einer angelieferten Kokonmasse rund 35 °/₀ Abgang (20 °/₀ Struse, 15°/₀ Ricotto). Das Material wird in den Schappe- oder Florettspinnereien:

1. gefäult (d. h. entbastet),
2. gereinigt,
3. zerrissen,
4. gekämmt,
5. gestreckt,

[9]) Praktisch noch nicht eingeführt.

[10]) Silbermann, Die Seide S. 384.

[11]) Vgl. Silbermann S. 368.

[12]) Bei der alten Methode mußte eine Spinnerin zwei Jahre lernen, bis sie spinnen konnte. Bei der automatischen Methode ist fast keine Lehrzeit erforderlich.

[13]) Leiter einer Haspelei.

6. vorgesponnen,
7. fein gesponnen.

Das Erzeugnis ist sehr wertvoll[14]) und kommt in der Textilindustrie viel zur Verarbeitung (Samt-, Plüsch-, Nähseide, Tapisserie, Mischgewebe); außerdem wird es in der Elektrizitätsindustrie zur Isolation verwandt.

## 2. Verarbeitung der Rohseide[15]).

Unter Rohseide versteht man industriell verwendbare Grègen. Die in der Spinnerei gehaspelte Seide wird verarbeitet auf dem Webstuhl oder in anderen Industrien (Drahtwickelung), oder in Zwirnereien veredelt. Zu:

1. Poil,
2. Organzin (zwei- oder dreifach),
3. Grenadine,
4. Trame,
5. Krepp,

um dann in den Webereien verarbeitet zu werden.

Poil ist ein einzelner Grègefaden mit 2—3000 Touren Drehung pro Meter (keine Vordrehung).

Organzin sind Grègefäden mit Vor- und Nachdrehung, d. h. die drehende Spindel läuft erst eine bestimmte Tourenzahl in der einen Richtung, um nach Vereinigung der zwei oder drei Fäden auf einer zweiten Maschine entgegengesetzt gedreht zu werden. Man unterscheidet bei Organzin drei Sorten:

a) Strafilato mit 550—650 T. Vordrehung und 450—525 T. Nachdrehung,
a) Stratorto bis 1000 facher Vor- und Nachdrehung (kommt selten vor),
c) Moyen apret mit 350—450 T. Vor- und 250—350 T. Nachdrehung.

Grenadine ist eine Organzin mit über 1000 Touren[16]).

Trame ist ein Produkt von geringerer Drehung mit 80 bis 160 Touren (ohne Vordrehung).

Krepp ist das Erzeugnis zweier Grègefäden mit 2000 bis 3000 Touren. Es gibt Krepp links und rechts gedreht ohne

---

[14]) Preis ca. 50% der Rohseide.

[15]) Siehe Abb. S. 57.

[16]) Vgl. Stratorte: bis 1000 Touren.

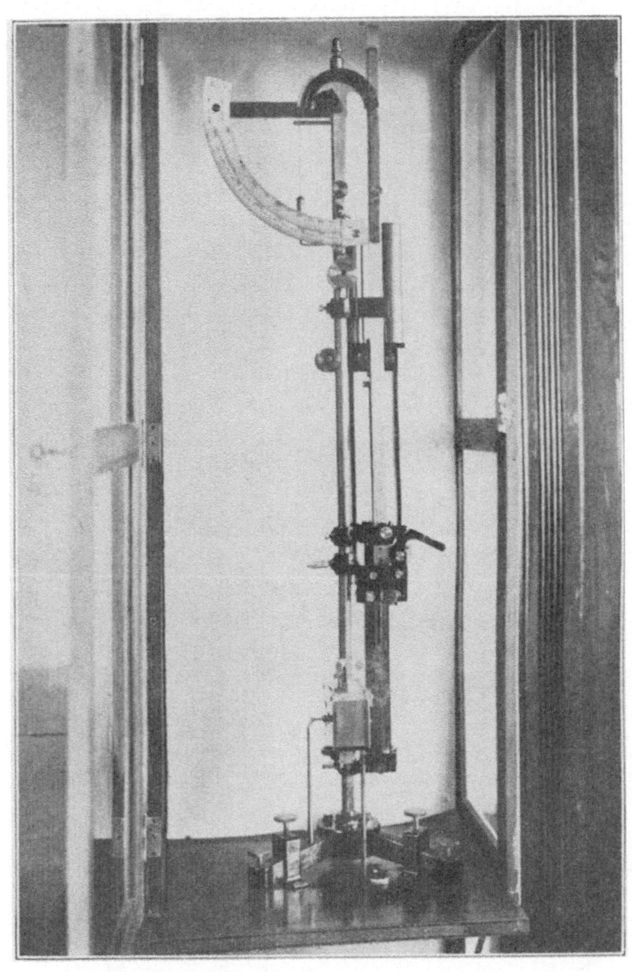

Reißapparat der Mailänder Conditionsanstalt (Serimeter).

Tafel III zu S. 56.

Plan über die Herstellung der einzelnen Seidengarne.

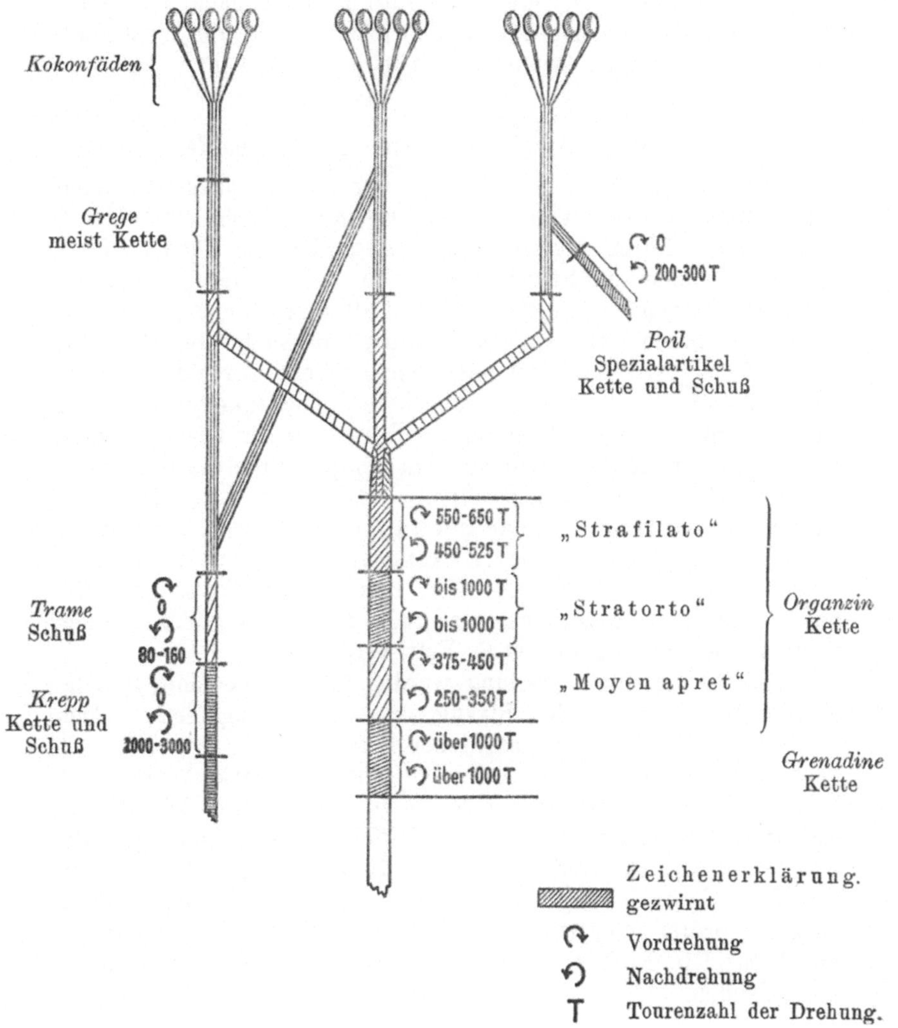

jede Vordrehung[17]. Damit der Weber sofort links und rechtsgedrehte Fäden erkennnen kann, ist das Material verschieden gefärbt mit einem Farbstoff, der ohne jeden Einfluß auf späteres Färben ist.

Die gesamte Rohseide wird international nach dem Titer bezeichnet, welcher das Gramm-Gewicht von 9000 m ausdrückt, Denier (den.) ist das Gewicht in 0,05 g per 450 m.

### 3. Die praktische Prüfung der Rohseide.

Die Untersuchung der Rohseide geschieht praktisch nach internationalen Bestimmungen. Für Europa sind die wichtigsten Konditionsanstalten: Mailand, Turin, Lyon, Krefeld, Zürich, Elberfeld, Basel, Como und St. Etienne, welche alle in der Vereinigung der europäischen Seidentrocknungsanstalten zusammengeschlossen sind. Die Seide bzw. Kunstseide wird untersucht auf Gewicht, Titer, Vor- und Nachdrehung, Dehnbarkeit, Zerreißfestigkeit, Windbarkeit, Erschwerung, Sauberkeit, Feuchtigkeitsgehalt und Bastprozente. Bei der Feststellung des Gewichtes wird die Seide vollkommen getrocknet und zu dem festgestellten Gewicht 11% erlaubte Feuchtigkeit zugerechnet. Nach einem internationalen Abkommen wird die Rohseide bei 140° C 20 Minuten lang durch heiße Luft getrocknet (pro Trockenapparat $2^1/_2$ cbm heiße Luft in der Minute; auch bei mit Fett beschwerten Rohseiden wird nur 20 Minuten getrocknet, da nach dieser Zeit alles Wasser ausgetrieben ist und nur noch Fett verdampft).

Bei der Titer-Feststellung werden 10 Stränge eines Ballens ausgewählt und von jedem Strang zwei Proben angefertigt. Das gefundene Mittel gilt als amtlicher Titer.

Die Untersuchung von Grègen auf Windbarkeit geschieht in einer Geschwindigkeit von 75 m in der Minute. Die in den ersten 10 Minuten vorkommenden Brüche werden nicht gezählt. Die Dauer des Abwindens beträgt 1—3 Stunden (Abb. S. 72).

Die Untersuchung auf Drehung geschieht durch einen Drehungsprüfer (elektrisch angetrieben) mit einer Einspannlänge von 1 m. Die Proben werden genommen von zehn Strängen zu zehn Proben.

---

[17]) Es ist nicht richtig, wenn Ullrich in seinem „Spinnplan über die Herstellung der Seidengarne“ auf S. 9 von einer Vordrehung bei Krepp spricht.

Die Reißfestigkeit und Dehnbarkeit wird festgestellt auf dem Festigkeitsprüfer von $^1/_2$ m Einspannlänge[18]). Diese Apparate stammen vielfach aus der Seidentrocknungsanstalt Mailand. Die Dehnung wird in Prozent, die Festigkeit in Gramm ausgedrückt. Bei den Arbeiten läßt man einen Feuchtigkeitsgehalt der Luft von 65% vorherrschen. Moderne Seidentrocknungsanstalten können den Feuchtigkeitsgehalt der Luft regulieren durch Feuchtigkeitsvernebler bzw. Trockenöfen.

Die Bastprozente werden durch Abkochen festgestellt, die Proben vor und nach dem Kochen vollkommen getrocknet und gewogen. Die Differenz ist der Bastverlust.

Die Erschwerung wird festgestellt durch Extraktion mit gleichen Mengen Benzin und Alkohol und späterem Auswaschen in destilliertem Wasser von 30—35° C. Trocknung und Wägung vorher und nachher.

Eine moderne Methode zur Feststellung der Qualität einer Grège ist die Behandlung des Materials mit dem Kohäsimeter, bei der fest eingespannte, nicht aufliegende Fäden durch ein Streichpendel aus Kristallglas eine Zeitlang gestrichen werden, bis der Grègefaden sich öffnet, d. h. bis die Kokonfäden einzeln hervortreten. Nach dem Tourenzähler liest man den Wert ab; je weniger Touren gebraucht wurden, um den Faden zu öffnen, um so schlechter ist das Material.

---

[18]) Siehe Abb. S. 56.

## IV. Die Kunstseide[1].

Der Nachahmungs- und Forschungstrieb brachte den Menschen auf den Gedanken, das tierische Produkt Seide künstlich herzustellen. 1734 versuchte der französische Physiker Réaumur künstliche Seide zu erzeugen. 1855 wurde die Methode der Kunstseidenherstellung des Schweizer Chemikers Andermars patentiert. Die eigentliche Herstellung einer künstlichen Faser gelang erst dem Grafen Ilaire de Chardonnet in jahrzehntelanger mühsamer Arbeit, welche durch Verleihung eines Patentes 1885 gekrönt wurde (Chardonnetseide). 1895 kam die erste marktfähige Kunstseide in den Handel, nachdem in Besançon eine Fabrik zur Herstellung errichtet war. Fast zu gleicher Zeit entstand in der Schweiz eine Fabrik, die ein Dr. Lehner leitete, nach fast demselben Fabrikationsweg wie Chardonnet. Beide Fabriken machten sich intensive Konkurrenz, doch ging der Kampf in eine Einigung der Parteien aus. Die Nachfrage nach Kunstseide war anfänglich sehr gering; erst als sich die Posamentierindustrie lebhaft für Kunstseide interessierte, setzte eine große Nachfrage ein, die so stark wurde, daß der Bedarf nicht mehr gedeckt werden konnte und die Preise die der echten Seide erreichten. Die Chemiker Pauli und Bronner brachten um diese Zeit ein neues Verfahren auf, welches von den Vereinigten Glanzstoffwerken ausgebeutet wurde. Die „Gruppen Chardonnet-Lehner" und „Vereinigte Glanzstoff" erhielten einen Konkurrenten im Fürsten Donnersmarck, der in seinen Werken Viskose-Kunstseide herstellen ließ, welche trotz ihrer Billigkeit sich erst nach 1912 durchzusetzen vermochte. Als direkten Konkurrenten kann man im Grunde die Fürstlich Donnersmarckschen Viskose- und Azetatseiden für die Elberfelder Glanzstoffwerke nicht bezeichnen, denn 1911 hatten diese alle Patente und Lizenzen vom Fürsten erworben und

[1]) Vgl. Silbermann, Die Seide S. 115 ff.; ferner Hölken, Kunstseide auf dem Weltmarkt.

stellten ihrerseits das bisher gegnerische Produkt her. 1912 wurde ein Ring gebildet, der sämtliche Viskosefabriken umfaßte, also eine Art deutscher Trust geschaffen. Ein neues Verfahren brachte die Bemberg A.-G. in dem sogenannten Streckspinnverfahren[2]) heraus.

Während des Krieges arbeiteten nur Vereinigte Glanzstoff-Fabriken Friedrich Küttner und Bemberg. Die Kunstseide wurde als Kriegsmaterial (Kartuschbeutel) von der Zwangswirtschaft erfaßt und mit einem festen Preise versehen, der, wie es damals üblich war, im Schleichhandel bis zum 30fachen Betrage anstieg. Später spielten neben den drei erwähnten alten Fabriken bis 1921 noch eine ganze Anzahl von z. T. großen Unternehmungen eine Rolle.

| | |
|---|---|
| Küttner-Pirna . . . . . . . . . . . . | Viskoseseide |
| Sehma-Werke, Sehma . . . . . . . . . | Kasehmaseide |
| Spinnfaser-A.-G., Elsterberg . . . . . . | Viksoseseide |
| Spinnstoff-Fabrik Zehlendorf . . . . . . | Viskoseseide |
| Glanzfäden-A.-G. Dahlem . . . . . . . . | Kupferoxyd-ammoniak |
| Herminghaus Elberfeld . . . . . . . . | Viskoseseide |
| M. Hölken-J. G. Farbentrust-Elberfeld . . | Bembergseide |
| Baumwollspinnereien Bayreut . . . . . | Viskoseseide |
| Benzinger-Schwetzingen . . . . . . . . . | Chardonnetseide |
| Köln-Rottweil-A.-G., Berlin . . . . . . | Schappeersatz |
| Continental Borvisk, Herzberg . . . . . | Viskoseseide |
| Viskose A.-G., Eisenach . . . . . . . . . | Viskoseseide |
| Agfa-Berlin (J. G. Farbenindustrie) . . . | Viskoseeside |

Seit 1921 sind verschiedene Fusionen erfolgt. Die größten Konzerne stellen jetzt dar die Vereinigten Glanzstoff-Fabriken mit der Bemberg A.-G. und M. Hölken (an der auch die J. G. Farbenindustrie beteiligt ist) sowie die J. G. Farbenindustrie. Die Kupferseide nach dem Streckspinnverfahren (Thiele-Linkmeyer) ist somit in einer Hand (Waschseide nnd Adlerseide). Küttner versucht nach ähnlichem Verfahren zu produzieren, doch soll das Erzeugnis (Zellvag) nicht an erster Stelle stehen. Im Ausland ist als scharfer Konkurrent die Snia-

[2]) Bei diesem wird die Masse während der Pressung ausgezogen, gestreckt. Siehe S. 62.

Viscosa[3]) entstanden, welche mit über 1 Milliarde Lire Kapital arbeitet[4]).

Die Kunstseiden, die jetzt auf dem Markt erscheinen, werden in vier Gruppen nach den verschiedenen Verfahren eingeteilt:

1. Nitrozellulose-Verfahren,
2. Kupferammoniak-Verfahren (2a Streckspinnverfahren),
3. Viskose-Verfahren,
4. Acetat-Verfahren.

Das Nitrozellulose-Verfahren (nicht mehr angewandt, da zu teuer). Ausgangsmaterial Baumwollabfälle. Diese werden durch ein Gemisch von Schwefelsäure und Salpetersäure in Nitrozellulose übergeführt. Das Produkt wird vorsichtig getrocknet, dann in Alkohol und Äther aufgelöst. Durch die Einwirkung der Chemikalien wird die Kollodiumwolle in eine kolloidale Masse verwandelt, der man durch Evakuieren und Filtrieren die etwa gelösten Gase und Schmutzteilchen entzieht. Die fertige Lösung wird durch Spinndrüsen (20 Löcher 500/100 mm ∅), gepreßt und in warmer Luft getrocknet. Bei dem Naßspritzverfahren wird die Lösung in Wasser gespritzt (Fällungsbad) um von dort auf Hülsen oder Spulen gewickelt zu werden.

Kupferoxyd-Ammoniak-Verfahren (Despaissis). Ausgangsmaterial Baumwolle. Die Zellulose geht als Alkoholat Verbindungen mit Metalloxyden ein, löst sich auf und bildet eine homogene Masse. Entlüften und Filtrieren, wie auch der ganze Spinnprozeß, geschieht wie oben. Das Streckspinnverfahren beruht darauf, daß die fertige Masse während der Pressung stark ausgezogen, gedehnt wird.

Viskose-Verfahren (Cross-Bevan-Beadle 1893). Ausgangsmaterial Holzzellulose. Zusatz von Natronlauge und Schwefelkohlenstoff. Es entsteht ein wasserlösliches Xantogenat, welches versponnen werden kann.

Acetatseide (Mark-Little-Walker). Ursprungsmaterial Zellulose. Umwandlung in Azetyl-Derivat (Verbindung von Essigsäure und Alkohol).

Das Verhältnis der vier Verfahren für Gesamterzeugung betrug 1924 bei einer Menge von 60 Millionen kg:

---

[3]) Nach neusten Berichten ist ein internationaler Kunstseidentrust mit Einschluß des Snia Viskosa gegründet worden.

[4]) Im Ausland haben sich ebenfalls große Kunstseidenkonzerne gebildet, die mit den Deutschen teilweise enge Verbindungen eingegangen haben.

| | | |
|---|---|---|
| für | Kupferammoniak-Verfahren | 900 000 kg |
| „ | Acetat-Verfahren | 1 800 000 „ |
| „ | Nitrozellulose-Verfahren | 4 900 000 „ |
| „ | Viskose-Verfahren | 52 400 000 „ |
| | | 60 000 000 kg |

Interessant sind die Vergleiche mit den Produktionsziffern der Seide und der Kunstseide.

| | | | | | |
|---|---|---|---|---|---|
| 1909 | wurden gew. | 24 500 000 kg | Naturseide | 7 500 000 kg | Kunsts. |
| 1922 | „ „ | 32 500 000 „ | „ | 35 500 000 „ | „ |
| 1923 | „ „ | 34 000 000 „ | „ | 44 000 000 „ | „ |
| 1924 | „ „ | 36 000 000 „ | „ | 80 000 000 „ | „ |
| | | | | (n. and. Ang. 60 000 000 kg). | |

1922 schlug die Kunstseide in der Produktionsmenge zum ersten Male die Seide, während 1924 bereits die doppelte Menge Kunstseide gewonnen wurde. Der Name „Kunstseide“ ist bei dem heutigen Produkt unangebracht; Seide wird nicht künstlich erzeugt, sondern es wird ein Material fabriziert, was meistens nur in einer Eigenschaft der Seide ähnelt, z. B. dem Glanz oder, wie bei der Acetatseide, im Titer. Alle anderen Eigenschaften weichen bezüglich Masse, Reißfestigkeit, Dehnung, Titer, Struktur derartig von der echten Seide ab, daß eine Bezeichnung „Glanzstoff“ oder wie in der englischen Sprache „lustring silk“ oder „rayon silk“ = Strahl (Glanz) viel besser als Bezeichnung dienen würde.

# V. Unterscheidung zwischen Seide und Kunstseide.

Die Untersuchungsmethoden der Kunstseide will ich gleich in Verbindung mit den Unterscheidungsmethoden für Seide gegen Kunstseide bringen. Die Untersuchung der Kunstseide geschieht zum großen Teil nach ähnlichem Verfahren wie bei der Seide. In der Praxis entsteht sehr oft die Frage, was ist in einem vorliegenden Gewebe an Material verarbeitet. Die rein chemische Untersuchung der Kunstseide ist ein sehr umfangreiches Kapitel, sodaß nur ein Chemiker dieser Frage nähertreten und sie klären kann. Zunächst die:

Verbrennungsprobe. Seide (unerschwert) verbrennt mit brenzlichem Geruch zu einer kohligen, kugeligen Masse. Kunstseide verbrennt vollständig bei etwas säuerlichem Geruch, ohne Hinterlassung von Asche. Ausnahmen: Acetatseide, welche wie Seide verbrennt, ohne brenzlichen Geruch (löslich in Aceton). Erschwerte Seide verbrennt unter Hinterlassung eines Skelettes.

Erhitzungsprobe. (Dauer 1 Stunde.) Echte Seide bräunt sich erst bei 170—180° C, erschwerte Seide bei 120—130° C, Kunstseide bei 150° C.

Gasprobe. Verbrennt man Seide oder Kunstseide und fängt die Gase auf, so wirken diese bei Seide alkalisch, bei Kunstseide sauer (ausgenommen Gelatineseide).

Zerreißprobe. Die Enden zerrissener Seide zeigen stets eine glatte Reißfläche, Kunstseidenenden sind meist gezackt.

Benetzungsprobe. Kunstseide, Kunstseidenschappe verlieren erheblich an Reißfestigkeit, wenn sie benetzt werden. Echte Seide quillt kaum im Wasser, Kunstseide bis zu 30%, wodurch das innere Gefüge gelockert und die Reißstärke herabgesetzt wird.

Säureprobe. Kalte konzentrierte Schwefelsäure löst echte Seide rasch, Kunstseide langsam (ausgenommen Nitro- und Viskoseseide).

Zum Schlusse möchte ich noch ein neues Verfahren von Dr. Wagner erwähnen, um Seide und Kunstseide, und letztere schnell untereinander zu unterscheiden. Dr. Wagner nimmt zur Unterscheidung Pikrokarmin. Beim Eintauchen in die Lösung färben sich alle tierischen Faserstoffe gelb, Kunstprodukte (Zellulose) mehr oder minder stark rot. In gleichem Farbbad färbt sich Acetatseide intensiv grünlichgelb, Kupferseide weinrot, Nitroseide stärker, Viskoseseide schwächer rosa. Letztere beiden sind noch genau durch die Diphenylaminreaktion zu unterscheiden, bei der Nitroseide sich im Vergleich zur Viskoseseide blau färbt[1]).

Ein Behelfsinstrument für die Unterscheidung der Seide von der Kunstseide ist der „Texl-Apparat", ein einfaches Galvanoskop[2]). Soll festgestellt werden, ob ein vorliegender Stoff Seide oder Kunstseide ist, wird der Apparat vermittels eines Hartgummistabes aufgeladen. Die erfolgte Ladung erkennt man an dem Strecken einer feinen Blattgoldzunge. Hält man den Apparat an den zu untersuchenden Stoff, so schlägt die Zunge bei Seide nicht aus, bei Kunstseide dagegen stark aus. Dieser Versuch ist natürlich sehr schwach, denn ein Fachmann erkennt Seide und Kunstseide sofort an anderen Merkmalen. Wichtiger ist schon der Apparat für die Unterscheidung, ob Rohseide erschwert oder unerschwert ist. In letztem Falle erfolgt kein Ausschlag. Von noch größerer Bedeutung kann ein Galvanoskop im Laboratorium sein, wenn es sich um schnellste Feststellung handelt, ob eine zu untersuchende Kunstseide Acetat- oder Viskoseseide ist. Acetatseide reagiert genau wie echte Seide.

Wissenschaftlich sind diese Versuche nicht zu verwerten, da kleinste Verunreinigungen die Leitfähigkeit verstärken und so ein ungenaues Bild entstehen lassen.

Nach Feststellung, ob Seide oder Kunstseide vorliegt, kann man die Kunstseidenarten untereinander erkennen wie folgt:

Acetatseide ist sofort in Aceton zu lösen. Es bleiben übrig Viskose-, Nitro- und Kupferoxydseide. Bei Viskose und Kupferseide erfolgt keine Salpetersäurereaktion. Diese sind also noch zu unterscheiden, da Nitroseide auf Salpetersäure reagiert. Viskose- und Kupferseide sind sehr schwer zu unterscheiden. Die einzige Möglichkeit ist das Rutheniumrotverfahren, bei dem Viskoseseide stärker rot reagiert als Kupferseide[3]).

---

[1]) Die Arbeit Dr. Wagners ist im Februar 1927 veröffentlicht worden.

[2]) Vgl. Silbermann Bd. 2 S. 272.

Eine weitere Möglichkeit ist die Unterscheidung vermittels Querschnitt. Kupferseide ist sehr feinfädig und zeigt einen runden Querschnitt. Viskoseseide erscheint meist gelappt. Mit letzerer Unterscheidung komme ich auf die Querschnittsbestimmung im allgemeinen. Zunächst will ich die „Schnellmethode“ von Prof. Herzog beschreiben. Ein mit Kollodium verklebtes Faserbündel wird so auf einen Objektträger gelegt, daß ein daneben aufgestelltes Prisma das Bild des mit einem sehr scharfen Messer auf einer Glasunterlage geschnittenen Bündels senkrecht nach oben ins Mikroskop wirft. Man stellt dieses Bild genau ein und erhält ein etwas dunkles, jedoch annähernd genaues Bild der Einzelfäden, d. h. ihrer Querschnittsform.

Ich legte, um ein Aufhellen der Bilder zu erzielen, das Faserstäbchen nicht an das Prisma heran, sondern ließ einen geringen freien Raum, durch welchen gesammelte Strahlen einer Beleuchtungsquelle zur Schnittfläche gingen. Dadurch wurde das Bild wesentlich deutlicher. Noch besser wurde es, wenn die Strahlen von zwei Seiten ankamen und die sonst unvermeidliche Schattenbildung dadurch abgeschwächt wurde. Einwandfreie wissenschaftliche Messungen sind meines Erachtens mit dieser Methode nicht zu erzielen.

Die einwandfreieste Querschnittsbestimmung ist der feine Schnitt mittels Mikrotom. Jedes Textilforschungsinstitut und jede Konditionsanstalt hat eigene Methoden der Einrichtung und Anfertigung von Querschnitten. Durch die freundlichen Bemühungen der Seidentrocknungsanstalt Krefeld lernte ich eine Methode kennen, die m. E. die einwandfreieste ist, ohne damit sagen zu wollen, daß andere Methoden nicht auch ihre Vorzüge haben. Diese Art ist folgende: Das zu untersuchende Material wird in je 2 Proben zu je 10 Fäden geteilt; unter dem Wasserstrahl werden die Strähnchen benetzt, kurz auf einem Löschpapier, dann im Trockenofen getrocknet. Danach bestreicht man das Bündel mit einer Gummiglyzerinlösung so lange, bis sich eine $^1/_2$ mm starke Schicht gebildet hat. Man hängt das so erhaltene Stäbchen in den Trockenofen mit einer Temperatur von 70—80° C. Nach ca. 5 Minuten wiederholt man das Bestreichen, bis sich eine 1—$1^1/_2$ mm dicke Schicht angesetzt hat. Danach wird nochmals 5—10 Minuten getrocknet, wobei man genau darauf

[*]) Es gibt noch einige andere Methoden, die mehr oder minder zuverlässig sind.

zu achten hat, daß die Temperatur konstant zwischen 70—80° C bleibt. Geht man zu hoch, wird der Gummi rissig und bildet unliebsame Bildstörungen. Hat das Stäbchen eine gewisse Härte erreicht bei gebliebener Geschmeidigkeit, gießt man es in Paraffin mittels Hülsen ein. Bei dem Erkalten hat man dafür zu sorgen, daß sich kein Kanal bildet. Dieser entsteht dadurch, daß die Erstarrung von der Außenhülle nach innen geht, so daß sich nach und nach ein Krater bildet, der unter Umständen bis zum Grunde des Stäbchens gehen kann und einen Schnitt verhindert. Durch Erwärmung der Hülle rutscht die erhaltene Kerze heraus und man kann sie in den Mikrotomblock spannen. Die Schnitte sollen etwa 10 $\eta$ sein. Der große Vorteil der Methode ist:

1. die Elastizität und Weiche des Faserbündels,
2. die annähernd gleiche Festigkeit des umhüllenden Paraffins im Verhältnis zur Gummiglyzerinhülle,
3. das sofortige Ablösen des Schnittes von der Paraffinhülle.

Mit einer Nadel bringt man den Schnitt auf einen Objektträger, gibt in Schwefelkohlenstoff gelösten Kanadabalsam hinzu und drückt vorsichtig das Deckgläschen auf, unter Herauspressen etwa entstehender Luftblasen. Damit hat man einen einwandfreien Querschnitt erhalten, der den Vorteil hat, als Dauerpräparat einer Sammlung einverleibt werden zu können.

Bei dem Schneiden hat man darauf zu achten, daß das Messer fast parallel der Schlittenfläche anfaßt. Apparate, die das Messer senkrecht zum Schlitten haben, sind für diese feinen Schnitte unbrauchbar, da zu leicht eine Verzerrung und Zerreißung eintritt. Sehr gut eignet sich für diese Arbeiten das Mikrotom von Reichert-Wien.

Um den Querschnitt noch besser unter dem Mikroskop zu erkennen, empfiehlt sich vor dem Bestreichen mit Gummiglyzerin die Färbung mit substantiven Farbstoffen, solchen, die ohne Erhitzung durchfärben. Jeder Textilchemiker hat sich im Laufe der Jahre eigene Färbemethoden angeeignet. Es würde zu weit führen, auf dieses ungemein interessante Gebiet einzugehen.

## Zusammenstellung der Ergebnisse.

Vergleicht man Seide und Kunstseide von der Reißfestigkeit aus, so zeigt sich letztere bei der Seide ungleich höher. Die Ansicht, daß die Kunstseide langsam den Seidenmarkt erobert, d. h. die echte Seide zurückdrängt, ist nur insofern richtig, als die Verarbeitung von Kunstseide ungleich stärker geworden ist gegen die Verarbeitung echter Seide. Im Jahre 1909 war die

| | |
|---|---|
| Gesamtweltproduktion für Kunstseide | 7 500 000 kg |
| „ „ „ Seide | 24 500 000 kg |
| während 1924 die Seidenproduktion | 36 000 000 kg |
| und die Kunstseidenproduktion | 80 000 000 kg betrug [4]). |

Man sieht aus dieser Aufstellung, daß trotz der riesigen Ausdehnung der Kunstseidenproduktion die echte Seide ihren Stand behaupten konnte, ja sogar vergrößerte, wenn sie auch im Verhältnis stark zurückging. Die Seide wird stets wertvoll bleiben, denn derjenige, dem die Mittel zum Seidenkauf gegeben sind, trägt echte Seide, genau wie er echte Perlen trägt. Vielfach glaubt man, daß die Ausdehnung der Seidenproduktion mit der Ausdehnung der Gesamtproduktion der Textilien zu erklären ist. Viele Stoffe werden heute aus Seide mit Kunstseide, Seide mit Wolle usw. hergestellt. In Laienkreisen begegnet man oft der Meinung, daß der Seidenbau eine absterbende Linie zeigen müsse, weil es den Chemikern gelingen würde, bald eine Kunstseide herzustellen, die durch nichts von der Seide zu unterscheiden wäre. Hierzu ist zu sagen, daß es auch dem besten Chemiker nicht gelingen wird, aus dem heute üblichen Kunstseiden-Ursprungsmaterial, der Zellulose, eine Eiweißfaser herzustellen. Das innere Gefüge der Zellulose ist trotz stärkster Pressung und mancher Fällungsbäder lockerer als das des Fibroins, welch letzteres noch heutigentages nicht vollkommen erforscht ist, geschweige denn synthetisch hergestellt wurde. Sollte der Seide von chemischer Seite eine Konkurrenz erwachsen, so könnte es nur so kommen, daß man aus billigstem tierischen Abfalleiweiß einen Faden feinster Abmessung pressen kann.

---

[4]) Vgl. Tabelle S. 63.

## VI. Eigene Untersuchungen über einen etwaigen Unterschied von je einer Kokonsorte bester Qualität aus China, Japan und Italien.

Die Seide verarbeitende Industrie rechnet in der Hauptsache mit Rohseide aus Italien, Japan und China. Jeder Fabrikant hat eine andere Meinung von der Qualität der einzelnen Länder. Der eine hält die chinesische Seide für die beste, ein anderer die japanische, ein Dritter die italienische. Wenn auch ein Unternehmer seit langer Zeit Seide aus Italien verarbeitet, weil er glaubt, daß die italienische Seide am besten ist, so ist damit noch nicht gesagt, daß das Material in wissenschaftlichem Sinne gleichmäßig ist.

Als ich aus der Seidenindustrie öfter die Frage hörte, warum verarbeitet sich manchmal eine sogenannte „minderwertige“ Seide auf dem Webstuhl sehr gut, während eine andere, die einer besten Ernte angehört, in einer bekannt guten Filanda gesponnen (gehaspelt), mit besten Ursprungszeugnissen versehen, sich vielleicht sehr schlecht auf dem Webstuhl erweist, faßte ich den Plan, den Grund zu erforschen. Die Schwierigkeit besteht darin, daß der Wissenschaftler meist nur den Kokonfaden prüft, während der Industrielle mit der Grège, also einem Faden aus mehreren, bis zehn zusammengeklebten Kokonfäden rechnet.

Meine Aufgabe sollte es sein, festzustellen, ob die Qualität eines besten Kokonfadens aus Italien anders wäre als die Qualität eines Fadens aus Japan oder China.

Da ich nicht die asiatischen Länder bereist habe, mußte ich mich auf die Angabe des Handels stützen[1]. Die gelieferten Kokons machten bezüglich äußeren Ansehens einen sehr gleichmäßigen Eindruck.

---

[1]) Da ich die besten Firmen, welche eine jahrzehntelange Erfahrung hinter sich haben, um Lieferung von Kokons anging, ist die Gewähr einigermaßen gegeben, daß ich das beste Material erhielt.

Die chemische Untersuchung ließ ich fallen, da nur ein erster Chemiker, der jahrelang sich mit der Eiweißforschung abgegeben hat, die Analyse erfolgreich durchführen kann[2]).

Für mich kam nur die physikalische Untersuchung in Frage. Diese erstreckte sich auf:

1. Windbarkeit,
2. mikroskopische Messung und Untersuchung,
3. Reißfestigkeit,
4. Dehnung.

Allen Untersuchungen ging zunächst die Titerfeststellung voraus. Dieser schwankte zwischen 2.70 und 3.16 den. und war im Mittel 2.93 den.

## 1. Windbarkeit.

Für diesen Versuch standen mir an Material 35 Kokons von jedem Lande zur Verfügung, doch gelang es mir nur, ca. 30 bis zum Ende zu haspeln. Gemäß der in italienischen Spinnereien gesammelten Erfahrungen haspelte ich die Kokons selbst ab[3]) [4]).

Das Resultat ist aus folgender Tabelle zu ersehen:

| | Haspelbarer Faden | Brüche pro 300 m |
|---|---|---|
| Chinesischer Faden | 600—650 Meter | 5 |
| Japanischer „ | 500—600 „ | 3 |
| Italienischer „ | 600—700 „ | 3[5]) |

## 2. Optische Untersuchung.

Sie geschah mit dem Mikroskop und dem Apparat von Dr. Doehner. (Ein neues Wollmeßverfahren, siehe Literaturangabe.)

---

[2]) Ein weiterer Grund war, daß die chemische Untersuchung sehr teuer ist, da, um geringe Spuren anorganischer Substanzen nachzuweisen, ziemliche Mengen Seide verascht werden müssen.

[3]) Um einen gleichmäßigen Zug zu erreichen, benutzte ich eine Trommel von 50 cm Durchmesser, die durch einen schnellaufenden Motor mit ca. 1300 Touren angetrieben war. Durch ein nur mit Fäden übersetztes 4 faches Vorgelege wurde die Tourenzahl auf 150 Touren pro Minute herabgesetzt.

[4]) Das Wasser, dem keine Seife zugesetzt war, hatte eine Temperatur von 79/80° C und wurde nach Abhaspeln von zwei Kokons erneuert.

[5]) Alle drei Sorten wiesen beim Anlegen sehr viele Brüche auf, es wurden daher nur die Brüche nach den ersten 75 m gezählt, vgl. Text S. 58.

Mir fiel zunächst auf, daß ein Kokonfaden, den ich alle 10 cm maß, in seiner Stärke sehr schwankte, wie in folgendem Beispiel ersichtlich:

| | | | |
|---|---|---|---|
| 1. | Abschnitt | 10 cm | 21 μ |
| 2. | „ | 10 „ | 18 „ |
| 3. | „ | 10 „ | 25 „ |
| 4. | „ | 10 „ | 19 „ |
| 5. | „ | 10 „ | 19 „ |
| 6. | „ | 10 „ | 23 „ |
| 7. | „ | 10 „ | 18 „ |
| 8. | „ | 10 „ | 22 „ |
| 9. | „ | 10 „ | 24 „ |
| 10. | „ | 10 „ | 19 „ |
| 40. | „ | 10 „ | 20 „ |
| 41. | „ | 10 „ | 24 „ |
| 42. | „ | 10 „ | 26 „ |
| 43. | „ | 10 „ | 20 „ |
| 44. | „ | 10 „ | 21 „ |
| 45. | „ | 10 „ | 29 „ |
| 46. | „ | 10 „ | 25 „ |
| 47. | „ | 10 „ | 25 „ |
| 48. | „ | 10 „ | 19 „ |
| 49. | „ | 10 „ | 24 „ |
| 50. | „ | 10 „ | 23 „ |

Diese Schwankung konnte ich mir vorläufig nicht erklären, da ich der Meinung war, daß ein Kokonfaden einen kreisrunden Querschnitt hätte. Es ergab sich aber nach Anfertigung mehrerer Seidenfädenquerschnitte, daß der Durchmesser eines Kokonfadens eine meistens von der kreisrunden Form erheblich abweichende Gestalt hatte.

In der „Seide" Nr. 10 1926 S. 391 schreibt Prof. Heermann: „Diese kleinen Abweichungen der Querschnittsform der Seide von der kreisrunden Form werden aber durch eine ausreichend große Zahl von Einzelversuchen völlig ausgeglichen, indem nach der Wahrscheinlichkeitsberechnung angenommen werden muß, daß ebensooft die breitere Seite wie die schmalere Seite der Seide zur Messung gelangen muß, sofern nur die Zahl der Einzelmessungen eine ausreichende ist."

Den Nachweis, daß die Abweichung von der kreisrunden Form eine große ist, glaube ich dadurch bringen zu können, daß ich selbst 20 Querschnitte[6]) anfertigte, von denen nicht ein einziger kreisrunde Querschnittsform aufwies. In der Seidentrocknungsanstalt Krefeld sind hunderte von Querschnittspräparaten, die alle meinen Befund bestätigen.

Ein Seidenquerschnitt zeigt stets das gleiche Bild: zwei Dreiecke (fächerförmig), die mit einer Seite parallel gelagert sind (siehe S. 72 ff.). Auch bei erschwerten Seiden zeigt die Fibroinfaser noch eine typisch dreieckige Form, wenn auch hier die Ecken mehr oder weniger stark abgeplattet sind.

Verfolgt man 50 m eines Fadens unter dem Mikroskop, pro Zentimeter eine Messung, so stellt man außer Sekundärfädchen manchmal Verdickungen und Verdünnungen fest, welche den Eindruck erwecken, daß die Faser dicker oder dünner, also materialschwächer bzw. materialstärker ist. Diese Verdickungen und Verdünnungen sind lediglich die Kreuzungspunkte übereinander liegender Kokonfäden, deren noch flüssiges Sericin beim Spinnprozeß der Raupe durch die neu aufgelegte Lage leichte Druckstellen bekamen. Oder sie waren die Ursache einer Drehung, indem der Faden mit dem ellipsenförmigen Querschnitt einmal auf der flachen, das andere Mal auf der hohen Kante lag.

Daher war auch das Resultat der mikroskopischen Dickenmessung in kein Verhältnis zur Reißfestigkeit zu bringen. Ich greife 20 Versuche der japanischen Sorte heraus.

Ein Faden von:

| | | | | | | | |
|---|---|---|---|---|---|---|---|
| 1. | 31 $\mu$ | Stärke | riß | bei | 19,5 | g | Belastung |
| 2. | 38 „ | „ | „ | „ | 15,0 | „ | „ |
| 3. | 33 „ | „ | „ | „ | 18,0 | „ | „ |
| 4. | 33 „ | „ | „ | „ | 14,5 | „ | „ |
| 5. | 31 „ | „ | „ | „ | 18,0 | „ | „ |
| 6. | 30 „ | „ | „ | „ | 17,0 | „ | „ |
| 7. | 36 „ | „ | „ | „ | 18,5 | „ | „ |
| 8. | 31 „ | „ | „ | „ | 18,0 | „ | „ |
| 9. | 23 „ | „ | „ | „ | 16,0 | „ | „ |
| 10. | 33 „ | „ | „ | „ | 17,0 | „ | „ |
| 11. | 23 „ | „ | „ | „ | 17,0 | „ | „ |
| 12. | 25 „ | „ | „ | „ | 18,5 | „ | „ |
| 13. | 20 „ | „ | „ | „ | 18,0 | „ | „ |
| 14. | 25 „ | „ | „ | „ | 18,0 | „ | „ |

[6]) Jeder Querschnitt enthielt ca. 20 Grègefäden, was ca. 100 Kokonfäden bedeutet.

Windeapparat zum Feststellen der Windbarkeit, d. h. der Bruchfestigkeit während des Windens. Auf dem Tisch sind die Spulen angebracht, von welchen aus der Faden durch die kleinen weißen Ösen nach oben auf die Haspel läuft, bzw. von der Haspel auf die Spulen (die drei letzten Aufnahmen stammen aus der Seidenweberei Ernst Engländer A.-G. Berga/Elster).

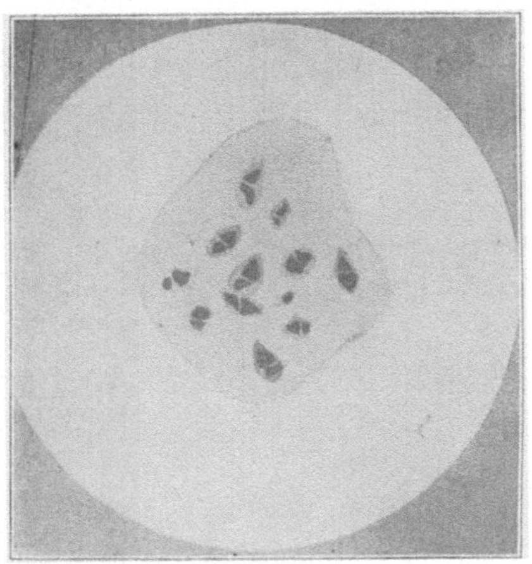

Querschnitt von Seidenfäden bei 150facher Vergrößerung. Man erkennt deutlich, daß die Seide keinen runden Durchschnitt hat, sondern meist abgeplattet ist. Die äußere schwachgraue Schicht ist das Einbettungsmaterial (Gummi-Glyzerin). Die stärker graue Schicht zeigt die Umhüllung der schwarzen, fast dreieckigen Fibroinfäden mit dem Serizin. Die Färbung geschah zur Differenzierung mit Pikrokarmin.

15. 31 μ Stärke riß bei 19,0 g Belastung
16. 33 „ „ „ „ 16,0 „ „
17. 38 „ „ „ „ 18,0 „ „
18. 33 „ „ „ „ 17,0 „ „
19. 30 „ „ „ „ 25,0 „ „
20. 30 „ „ „ „ 17,5 „ „

Vergleicht man die Ergebnisse, so findet man, daß ein Faden von 33 μ riß:

das erste Mal bei 18,0 g Belastung
„ zweite „ „ 14,5 „ „
„ dritte „ „ 17,0 „ „
„ vierte „ „ 16,0 „ „
„ fünfte „ „ 17,0 „ „

oder ein Faden von 30 μ Stärke riß:

das erste Mal bei 17,0 g Belastung
„ zweite „ „ 20,0 „ „
„ dritte „ „ 12,5 „ „

In Anbetracht dieser Ergebnisse ließ ich den Gedanken der optischen Messung zwecks Herausfindens einer Differenz zwischen den Kokonsorten fallen und ging zur Feststellung der Reißfestigkeiten über.

## 3. Zerreißungsversuche.

Die beim Windeversuch erhaltenen Stränge wurden etikettiert und auf eine einfache Weife [7]) gebracht, von der ich sie ununterbrochen abhaspeln wollte.

Die Versuche sollten so gemacht werden, daß der Kokonfaden alle zehn Meter zerrissen wurde. Ich mußte von einem Kokonfaden von 600 m demnach 60 Zerreißresultate erhalten. Bei dem Abwinden ergab sich folgender Übelstand. Die Kokonfäden waren zum Teil untereinander verklebt. Hatte man ein Stück abgeschnitten, war es fast unmöglich, festzustellen, ob man zwei Kokonfäden oder zwei Urfäden (Bavellae) aufgeklebt hatte. Nach dem Zerreißen konnte man meist zwei Fäden pro Fadenende erkennen. Es konnten diese Doppelenden entstanden sein:

1. durch zusammengeklebte Fäden,
2. durch Abplatzen [7a]) des Sericins, so daß die Fibroinfäden (Urfäden) sichtbar wurden.

---

[7]) Weife = Winde von ca. 1 m Umfang.

[7a]) Ist die Temperatur des Wassers zu hoch, löst sich das Sericin allmählich ab oder (bei nachfolgendem plötzlichen Erkalten) platzt ab.

Dieser Übelstand, daß man nicht klar erkannte, ob ein oder zwei Kokonfäden zerrissen wurden, zeigte sich besonders stark, als sich Reißfestigkeiten ergaben, die zum Teil erheblich über den in der Literatur erwähnten Reißfestigkeiten lagen.

Zwecks Ausschaltung dieser Fehlerquelle wurden diese sämtlichen abgehaspelten Seidenstränge beiseite gelegt und neue Kokons derselben Marke genommen (35 pro Land).

Die Kokons wurden nicht mit einemmal wie beim ersten Verfahren abgehaspelt, sondern jedesmal nur 10—15 m. Dann wurde die Probe genommen. Ausgeschlossen war es nach dieser Methode, daß ein Faden doppelt wurde, da die vorherige Lage auf der Haspel entfernt war, bevor die nächsten 10—15 m abgehaspelt wurden.

Durch die ununterbrochene Fadenführung war noch ein zweiter Übelstand beseitigt. Ging ein Faden beim Umhaspeln des Stranges (also bei der ersten Methode) verloren, so bestand die Möglichkeit, daß beim Fadensuchen das Ende gefunden wurde, oder gar ein Mittelstück (wenn der Faden beim Haspelprozeß gerissen war).

Die Arbeiten über Reißfestigkeit und Dehnung wurden ausgeführt im Textilforschungsinstitut zu Dresden auf dem „Deforden-Apparat". Der Apparat stellt eine Wage dar, die auf der einen Seite ein Eimerchen zur Belastung mit Wassertropfen trägt, auf der anderen Seite eine Klemmschraube zum Einspannen des den Faden tragenden Reiterchens[8]). Das untere Ende des Reiterchens wird mittels Klemmschraube in eine Säule eingespannt, die, unter dem freihängenden Klemmschraubenstück beginnend, auf dem Boden des Apparates befestigt ist (siehe Abb. S. 75).

Bevor man ein Seidenfädchen zerreißt, muß es präpariert werden. Mittels einer Stanze[9]) wird ein kleines Papierstück ausgestanzt, welches in der Mitte ein 1 qcm großes Fenster hat. Zwecks Aufklebens der sehr dünnen und daher sehr schwer erkennbaren Seidenfäden auf das Reiterchen wird zunächst ein etwa 10 cm langes Fadenstück auf einer schwarzen Glasplatte oben und unten mit einer augenblicklich erstarrenden warmen

---

[8]) Ein kleines Papierstück mit einem 1 qcm großen Fenster.

[9]) Die Stanze wird jedem Apparat beigelegt.

## Deforden-Zerreißapparat nach Prof. Krais.

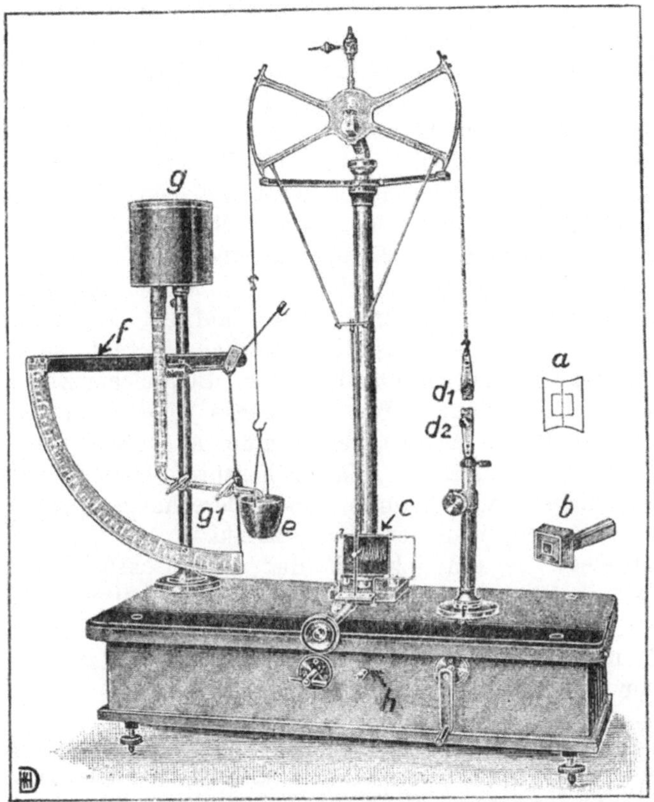


Zeichenerklärung.

a) ausgestanztes Reiterchen
b) Stanze
c) Halter mit Rußblättchen
$d_1$) $d_2$) } Klemmschrauben zum Einspannen des Reiterchens
e) Eimerchen zur Aufnahme der Wasserbelastung
f) Wage zur Feststellung der ins Eimerchen gelaufenen Wassermenge
g) Wasserbehälter mit Auslaufrohr
$g_1$) Absperrhahn
h) Auslösung für die Bewegung des Rußblättchenhalters.

Klebemasse[10]) angeheftet. Dabei ist zu beachten, daß der Faden nicht gedehnt wird, sondern noch die feine Kräuselung zeigt.

Sodann schiebt man das Reiterchen vorsichtig unter den Faden und klebt diesen mit der Klebemasse an dem oberen und unteren Ende des Fensters an.

Die Klebemasse muß scharf mit den Rändern abschließen. Nach Abschneiden des Außenfadens kann das Reiterchen eingespannt werden. Auch hier müssen die Klemmbacken genau mit den Rändern abschließen, da sonst die Einspannlänge (1 cm) abweicht. Nach dem Einspannen schneidet man das Reiterchen mit einer Schere durch, so daß der Seidenfaden die einzige Verbindung zwischen den Klemmschraubenstücken ist.

Der Deforden-Apparat zeichnet den Ausschlag des Wagebalkens mittels eines scharfen Stiftes auf ein Rußplättchen[11]) auf. Der Halter für das Rußblättchen bewegt sich etwa $18^1/_2$mal per Min. herauf und herunter. In gleicher Zeit fließen kontinuierlich ca. 25 ccm Wasser in das Eimerchen. Um den Tropfenaufschlag zu mildern, geht von der Ausflußstelle ein feiner Faden ab, an welchem das Wasser heruntergleitet. Die Wucht des Aufschlages fällt dadurch außer Berechnung. Sobald der Faden reißt, stellt man den Wasserzulauf ab.

Zunächst begann ich mit der chinesischen Kokonsorte. Nachdem ca. 120[12]) Seidenfädchen aufgeklebt waren, wurde der Apparat geeicht, von den Leitern des Textilforschungs-Institutes geprüft und nach Richtigbefund in Funktion gesetzt.

Der erste Kokon ergab folgende Resultate:

---

[10]) Die Klebemasse besteht aus einem Teil reinen Bienenwachs und vier Teilen Kolophonium. Beim Erhitzen schmilzt diese Masse zusammen und bildet ein ausgezeichnetes Anheftungsmaterial.

[11]) Die Rußblättchen, welche für meine Versuche ca. 4×5 cm groß waren, wurden berußt in einer Flamme, welche als Verbrennungsstoff 50% Toluol und 50% reinen Alkohol hatte.

[12]) Da bei der Herstellung bzw. dem Zerreißen unter Umständen ein großer Prozentsatz des Materials infolge schlechter Qualität ausfällt, fertigte ich stets die doppelte Menge der benötigten Proben an.

Beispiel der Entstehung einer Reißfestigkeits und Dehnungskurve. Der Verlauf der Kurve ist umseitig aufgezeichnet.

| Lfd. Nr. | Reißfest. in g | Summe | Mittel der Reißfest. in g | Dehnung in mm | Summe | Mittel | Verh.-Zahl | Dehnungsprozente |
|---|---|---|---|---|---|---|---|---|
| 1 | 11,2 | | | 9 | | | | |
| 2 | 12,7 | | | 9 | | | | |
| 3 | 13,4 | 639 : 5 = | 12,78 | 11 | 470 : 5 = | 9,40 | : 4 (× 10) = | 23,5 |
| 4 | 11,9 | | | 8 | | | | |
| 5 | 14,7 | | | 10 | | | | |
| 6 | 14 | | | 10 | | | | |
| 7 | 13,8 | | | 14 | | | | |
| 8 | 13,6 | 715 : 5 = | 14,30 | 13 | 690 : 5 = | 13,80 | : 4 (× 10) = | 34,5 |
| 9 | 14,4 | | | 14 | | | | |
| 10 | 15,7 | | | 18 | | | | |
| 11 | 16,2 | | | 15 | | | | |
| 12 | 15,4 | | | 10 | | | | |
| 13 | 15,5 | 790 : 5 = | 15,80 | 11,5 | 565 : 5 = | 11,30 | : 4 (× 10) = | 28,2 |
| 14 | 16,7 | | | 11 | | | | |
| 15 | 15,2 | | | 9 | | | | |
| 16 | 16,1 | | | 13 | | | | |
| 17 | 16,1 | | | 15 | | | | |
| 18 | 17,6 | 852 : 5 = | 17,04 | 11 | 620 : 5 = | 12,40 | : 4 (× 10) = | 31,0 |
| 19 | 17,3 | | | 11 | | | | |
| 20 | 18,1 | | | 12 | | | | |
| 21 | 18,5 | | | 12,5 | | | | |
| 22 | 19,2 | | | 17 | | | | |
| 23 | 12,3 | 918 : 5 = | 18,36 | 45 | 630 : 5 = | 12,60 | : 4 (× 10) = | 31,5 |
| 24 | 21,2 | | | 16 | | | | |
| 25 | 20,6 | | | 13 | | | | |
| 26 | 21,6 | | | 13,5 | | | | |
| 27 | 20,1 | | | 12 | | | | |
| 28 | 22,6 | 1100 : 5 = | 22,00 | 15 | 670 : 5 = | 13,40 | : 4 (× 10) = | 33,5 |
| 29 | 22,5 | | | 11,5 | | | | |
| 30 | 23,2 | | | 15 | | | | |
| 31 | 18,2 | | | 12 | | | | |
| 32 | 18,7 | | | 11,5 | | | | |
| 33 | 16 | 864 : 5 = | 17,28 | 13 | 555 : 5 = | 11,10 | : 4 (× 10) = | 27,7 |
| 34 | 16,1 | | | 11 | | | | |
| 35 | 17,4 | | | 8 | | | | |
| 36 | 17,2 | | | 14 | | | | |
| 37 | 16,1 | | | 10,5 | | | | |
| 38 | 16,2 | 815 : 5 = | 16,30 | 10 | 525 : 5 = | 10,50 | : 4 (× 10) = | 26,2 |
| 39 | 15,3 | | | 10 | | | | |
| 40 | 16,7 | | | 8 | | | | |
| 41 | 15,8 | | | 10 | | | | |
| 42 | 15,9 | | | 10 | | | | |
| 43 | 16 | 785 : 5 = | 15,70 | 9 | 495 : 5 = | 9,90 | : 4 (× 10) = | 24,7 |
| 44 | 15,1 | | | 8 | | | | |
| 45 | 15,7 | | | 12,5 | | | | |

| Lfd. Nr. | Reißfest. in g | Summe | Mittel der Reißfest. in g | Dehnung in mm | Summe | Mittel | Verh.-Zahl | Dehnungsprozente |
|---|---|---|---|---|---|---|---|---|
| 46 | 15,5 | | | 11 | | | | |
| 47 | 14,6 | | | 5 | | | | |
| 48 | 14,2 | | | 11 | | | | |
| 49 | 13,7 | | | 3 | | | | |
| 50 | 14,5 | 1127 : 8 = | 14,08 | 6,5 | 610 : 8 = | 7,60 | : 4 (× 10) = | 19,0 |
| 51 | 14,5 | | | 9,5 | | | | |
| 52 | 12,6 | | | 8 | | | | |
| 53 | 13,1 | | | 7 | | | | |

Die Reißfestigkeit wird festgestellt, indem man das Eimerchen brutto auf einer Tara abziehend geeichten Wage wiegt und daher netto Belastung erhält.

Die Dehnung wird auf dem Rußblättchen abgelesen, indem man mit Zirkel und Meßstab den Abstand von A zu B mißt. Das Übersetzungsverhältnis der Wage in bezug auf die Einspannlänge (1 cm) ist 1:4. Um die Dehnung in das richtige Maß zu bringen, muß der abgelesene Abstand durch 4 dividiert werden Multipliziert man mit 10, so erhält man die tatsächlichen Dehnungsprozente.

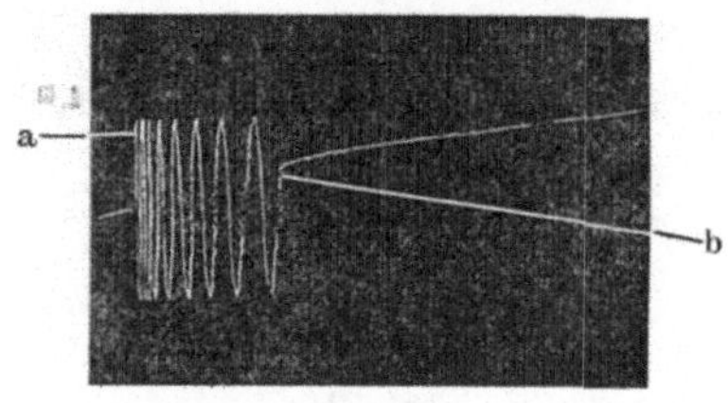


Kurvenmäßig aufgetragen, ergab sich für den ersten Kokon der chinesischen Sorte folgendes Bild (siehe S. 79).

Von jeder Sorte wurden ca. 2000 Zerreißungen ausgeführt. Das Zahlenmaterial wurde folgendermaßen geordnet. Je 50 m, also 5 Ergebnisse, wurden addiert, das Mittel gezogen und als ein Abschnittsergebnis eingetragen. Bei 600 m Länge waren also 12 Abschnittsergebnisse vorhanden. Die linke Seite bedeutet stets den Anfang des Kokons, die rechte Seite das Ende. Nachdem alle 32 Kokons einer Sorte untereinander geschrieben waren, wurden die Abschnittsergebnisse (jeder Abschnitt für sich) zusammengezählt und die erhaltenen Summen durch die Zahl der in den Abschnitt fallenden Kokons dividiert.

Durch diese Methode allein gelang es, trotz der großen Schwierigkeit, ein ziemlich klares Bild über die Reißfestigkeit

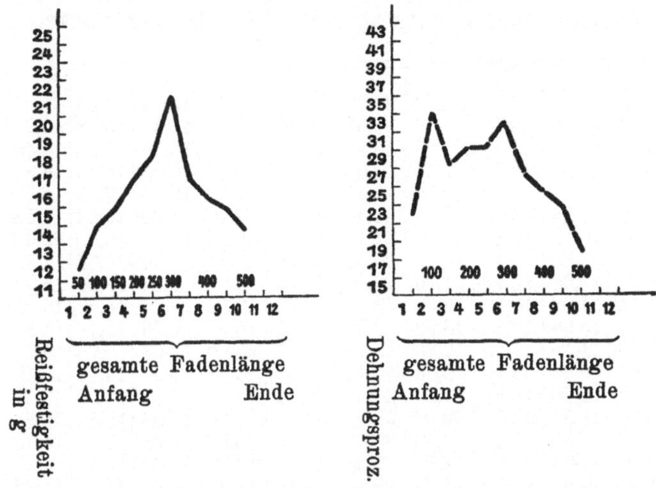


und Dehnungsmöglichkeit der Seidenfäden zu erhalten. Betrachtet man die Ergebnisse der Messung bezüglich Reißfestigkeit,

chinesische Sorte

(13,02 14,94 16,51 17,96 19,52 19,71 18,81 17,86 16,64 15,74 14,90 13,79) g (S. 83);

japanische Sorte

(13,09 15,22 17,09 17,99 19,60 20,37 20,05 19,35 18,09 17,11 15,79 14,50) g (S. 84);

italienische Sorte

(11,87 14,95 16,60 18,28 19,55 20,36 21,33 20,84 19,60 18,40 16,53 14,79) g (S. 85),

so, erscheint die italienische Sorte als die gleichmäßigste in der Zerreißfestigkeit. Denn vom Scheitelpunkt mit einer Reißfestigkeit von 21,33 g nimmt die Belastungsmöglichkeit ganz gleichmäßig zum Kokonanfang und -ende ab.

Bei der chinesischen Sorte wie auch der japanischen liegt der Scheitelpunkt der höchsten Reißfestigkeit kurz vor der Mitte der gesamten Fadenlänge.

Die mittlere Reißfestigkeit der 2000 Versuche war:

Für die chinesische Sorte 16,61 g
„ „ japanische „ 17,35 „
„ „ italienische „ 17,75 „

## Zerreißungsergebnisse der chinesischen Sorte.

| | | | | | | | | | | | |
|---|---|---|---|---|---|---|---|---|---|---|---|
| 12,78 | 14,30 | 15,80 | 17,04 | 18,36 | 22,00 | 17,28 | 16,30 | 15,70 | 14,08 | | |
| 13,78 | 14,94 | 16,00 | 16,94 | 17,76 | 19,58 | 22,60 | 18,00 | 16,68 | 15,78 | 14,24 | 11,36 |
| 13,22 | 15,86 | 18,00 | 17,98 | 21,98 | 19,86 | 17,86 | 17,08 | 16,30 | 15,68 | 14,48 | 14,40 |
| 13,56 | 15,76 | 17,10 | 18,98 | 21,10 | 19,08 | 17,62 | 16,86 | 16,02 | 15,34 | 14,30 | 12,65 |
| 14,06 | 15,32 | 16,06 | 16,50 | 16,80 | 18,42 | 20,48 | 21,18 | 19,18 | 17,24 | 15,76 | 13,78 |
| 13,76 | 15,64 | 17,22 | 18,56 | 19,02 | 21,46 | 18,70 | 17,20 | 16,22 | 16,02 | 14,28 | 14,50 |
| 13,22 | 14,68 | 16,02 | 16,82 | 15,66 | 21,16 | 18,30 | 15,40 | 15,80 | 15,10 | 13,92 | 14,48 |
| 14,04 | 15,26 | 16,82 | 17,48 | 20,82 | 20,58 | 19,48 | 17,68 | 15,94 | 16,14 | 17,78 | 13,87 |
| 13,44 | 16,08 | 17,08 | 20,22 | 21,46 | 19,98 | 18,46 | 17,98 | 15,84 | 16,30 | 15,74 | 14,07 |
| 12,30 | 14,14 | 14,68 | 16,14 | 19,82 | 18,24 | 18,84 | 19,36 | 17,06 | 16,42 | 15,26 | 14,88 |
| 13,16 | 14,76 | 15,98 | 17,10 | 18,58 | 18,92 | 20,50 | 18,56 | 16,36 | 15,18 | 14,80 | 13,56 |
| 10,48 | 12,70 | 14,46 | 16,20 | 17,86 | 18,32 | 22,26 | 23,90 | 19,06 | 16,96 | 15,24 | 13,92 |
| 13,68 | 14,72 | 16,80 | 18,18 | 19,44 | 20,66 | 17,66 | 16,18 | 16,00 | 14,66 | 14,12 | |
| 12,86 | 14,00 | 15,90 | 16,62 | 19,94 | 24,30 | 21,34 | 19,54 | 17,60 | 16,84 | 16,48 | 14,64 |
| 10,88 | 14,92 | 16,88 | 18,74 | 22,00 | 22,04 | 18,92 | 17,66 | 17,00 | 15,52 | 15,24 | 13,64 |
| 10,78 | 13,40 | 15,60 | 17,62 | 20,78 | 20,06 | 17,60 | 16,86 | 16,98 | 15,24 | 14,76 | 13,48 |
| 14,08 | 16,02 | 17,54 | 20,04 | 12,94 | 17,98 | 17,82 | 17,00 | 15,92 | 15,00 | 14,62 | 14,00 |
| 14,10 | 16,40 | 18,52 | 20,70 | 23,44 | 19,42 | 17,46 | 17,16 | 16,88 | 15,58 | 14,32 | 13,42 |
| 14,14 | 16,30 | 18,70 | 18,48 | 21,02 | 18,90 | 17,60 | 17,38 | 15,68 | 15,82 | 13,65 | |
| 12,98 | 15,02 | 16,44 | 18,76 | 19,88 | 19,40 | 17,80 | 17,10 | 16,52 | 15,50 | 14,88 | 13,66 |
| 16,84 | 15,14 | 17,34 | 19,34 | 17,66 | 18,74 | 17,86 | 16,42 | 15,42 | 15,00 | 14,06 | 13,08 |
| 13,62 | 15,28 | 17,82 | 19,76 | 22,56 | 18,60 | 17,44 | 17,28 | 16,30 | 14,76 | 14,90 | 12,24 |
| 12,36 | 14,62 | 15,42 | 16,24 | 17,70 | 18,24 | 20,08 | 19,18 | 18,62 | 17,92 | 16,28 | 15,26 |
| 11,16 | 15,14 | 16,64 | 17,78 | 23,11 | 19,20 | 19,18 | 17,50 | 16,80 | 15,46 | 14,54 | 14,08 |
| 13,82 | 15,96 | 16,72 | 19,86 | 20,36 | 18,28 | 17,54 | 15,86 | 15,58 | 14,92 | 13,69 | |
| 12,68 | 14,16 | 16,52 | 17,16 | 21,12 | 22,60 | 16,58 | 17,50 | 16,14 | 16,94 | 15,76 | 14,10 |
| 12,10 | 15,26 | 16,62 | 18,40 | 20,28 | 21,32 | 21,96 | 22,58 | 19,70 | 18,04 | 16,52 | 15,98 |
| 12,30 | 14,14 | 15,92 | 17,74 | 20,18 | 19,22 | 16,32 | 15,34 | 14,96 | 12,18 | | |
| 11,58 | 13,94 | 15,54 | 16,88 | 18,16 | 19,50 | 20,66 | 18,08 | 16,74 | 16,02 | 14,62 | 13,48 |
| 13,82 | 14,52 | 14,70 | 15,72 | 16,64 | 17,42 | 18,80 | 19,68 | 18,76 | 17,70 | 15,32 | 13,97 |
| 13,22 | 14,82 | 16,58 | 17,18 | 18,26 | 19,70 | 19,42 | 17,38 | 15,62 | 15,62 | 14,14 | 12,08 |
| 11,86 | 14,98 | 17,04 | 19,56 | 19,84 | 17,66 | 17,54 | 16,28 | 15,24 | 14,66 | 13,40 | |
| **41666** | **47818** | **52846** | **57472** | **62453** | **63084** | **60196** | **57146** | **53262** | **50362** | **44710** | **35858** |
| 13,02 | 14,94 | 16,51 | 17,96 | 19,52 | 19,71 | 18,81 | 17,86 | 16,64 | 15,74 | 14,90 | 13,79 |

Jede Zeile bedeutet die gesamte Länge des Konkonfadens. Jede Zahl bedeutet einen Abschnitt von rund 50—60 m (Mittel), links ist der Anfang des Fadens, rechts das Ende.

## Zerreißungsversuche der japanischen Sorte.

| | | | | | | | | | | | |
|---|---|---|---|---|---|---|---|---|---|---|---|
| 14,18 | 15,02 | 17,62 | 17,64 | 19,04 | 19,98 | 23,08 | 20,44 | 17,72 | 17,40 | 17,52 | 14,25 |
| 14,36 | 14,56 | 17,86 | 18,18 | 19,42 | 21,02 | 22,14 | 20,06 | 20,16 | 18,56 | 15,56 | 14,60 |
| 15,10 | 14,28 | 17,96 | 17,16 | 19,18 | 17,50 | 18,56 | 20,10 | 17,20 | 19,14 | 15,88 | 13,30 |
| 10,54 | 14,58 | 16,06 | 16,72 | 19,96 | 24,26 | 23,58 | 19,44 | 18,22 | 16,58 | 15,72 | 12,62 |
| 13,12 | 16,62 | 20,84 | 16,56 | 22,04 | 21,48 | 19,92 | 19,20 | 18,74 | 17,52 | 17,04 | 13,66 |
| 12,96 | 15,18 | 16,56 | 18,16 | 20,08 | 22,36 | 21,64 | 19,40 | 18,66 | 17,08 | 15,88 | 14,74 |
| 12,52 | 17,88 | 17,62 | 19,26 | 16,66 | 17,14 | 16,16 | 18,82 | 18,72 | 19,26 | 20,96 | 17,98 |
| 16,36 | 19,04 | 18,32 | 13,45 | 9,96 | 12,40 | 15,78 | 16,40 | 17,14 | 16,80 | 14,04 | |
| 14,10 | 15,50 | 17,22 | 18,64 | 21,96 | 21,12 | 21,20 | 18,32 | 18,30 | 16,66 | 17,00 | 13,66 |
| 9,26 | 12,20 | 16,28 | 19,80 | 25,24 | 20,84 | 21,42 | 16,82 | 14,56 | 14,94 | 14,54 | |
| 14,60 | 15,76 | 17,06 | 19,24 | 21,72 | 20,72 | 20,02 | 18,22 | 17,02 | 15,70 | 15,50 | 13,50 |
| 11,62 | 14,72 | 16,82 | 18,00 | 20,20 | 21,70 | 19,90 | 18,80 | 17,20 | 16,20 | 14,46 | 13,60 |
| 13,48 | 15,40 | 17,14 | 18,40 | 22,74 | 21,10 | 21,94 | 18,86 | 17,44 | 16,40 | 17,04 | 22,08 |
| 13,12 | 14,32 | 16,58 | 17,02 | 15,84 | 15,12 | 12,01 | | | | | |
| 12,70 | 15,94 | 17,70 | 17,60 | 18,40 | 21,66 | 20,28 | 19,28 | 19,32 | 18,40 | 15,48 | |
| 14,58 | 16,30 | 17,66 | 19,30 | 22,04 | 19,50 | 20,62 | 18,70 | 16,54 | 16,48 | 14,62 | 13,75 |
| 12,54 | 14,68 | 15,86 | 17,90 | 19,18 | 20,04 | 22,10 | 20,38 | 19,42 | 17,88 | 16,66 | 14,00 |
| 11,82 | 15,18 | 16,70 | 17,90 | 19,80 | 21,56 | 19,90 | 18,32 | 17,50 | 19,84 | 14,44 | |
| 14,08 | 16,60 | 17,66 | 23,36 | 21,50 | 19,16 | 19,14 | 19,38 | 17,36 | 15,80 | 14,98 | |
| 13,66 | 13,66 | 15,28 | 16,66 | 17,44 | 18,82 | 19,24 | 21,94 | 22,00 | 18,50 | 17,34 | 15,03 |
| 10,74 | 13,10 | 17,74 | 17,86 | 19,02 | 20,32 | 21,16 | 21,22 | 19,92 | 17,66 | 15,36 | |
| 14,64 | 15,22 | 16,68 | 17,62 | 19,98 | 19,96 | 17,96 | 17,56 | 14,78 | 15,50 | 14,20 | 14,06 |
| 12,18 | 14,80 | 16,42 | 17,48 | 19,12 | 18,86 | 23,46 | 20,90 | 19,50 | 17,70 | 16,36 | 14,96 |
| 14,32 | 16,24 | 17,96 | 18,90 | 21,14 | 22,82 | 20,60 | 18,52 | 16,86 | 16,24 | 15,32 | 14,06 |
| 11,78 | 13,36 | 15,88 | 18,08 | 18,40 | 19,60 | 20,18 | 22,02 | 20,90 | 18,54 | 17,14 | 15,46 |
| 14,72 | 15,78 | 15,70 | 16,30 | 18,32 | 18,66 | 22,82 | 20,26 | 18,38 | 16,72 | 16,42 | 14,86 |
| 10,70 | 14,24 | 17,00 | 17,80 | 20,46 | 24,06 | 20,56 | 19,16 | 17,90 | 15,54 | 14,52 | 10,14 |
| 12,14 | 14,86 | 16,68 | 17,88 | 19,68 | 20,26 | 21,68 | 19,72 | 18,04 | 17,36 | 15,76 | 14,00 |
| 14,92 | 15,64 | 16,98 | 18,42 | 20,34 | 22,84 | 11,08 | 19,40 | 17,78 | 16,78 | 15,64 | 15,30 |
| 11,82 | 14,24 | 16,34 | 17,34 | 16,20 | 20,88 | 23,42 | 21,02 | 18,94 | 17,40 | 15,74 | 14,50 |
| 14,14 | 15,74 | 16,74 | 18,54 | 20,94 | 23,56 | 20,56 | 18,82 | 18,06 | 16,70 | 15,64 | 13,98 |
| 12,32 | 16,48 | 17,84 | 18,62 | 21,30 | 22,46 | 19,64 | 18,36 | 16,58 | 15,30 | 13,90 | |
| **41912** | **48712** | **54676** | **57579** | **62730** | **65176** | **64175** | **59984** | **56086** | **53058** | **48966** | **34809** |
| 13,09 | 15,22 | 17,09 | 17,99 | 19,60 | 20,37 | 20,05 | 19,35 | 18,09 | 17,11 | 15,79 | 14,50 |

## Zerreißungsergebnisse der italienischen Sorte.

| | | | | | | | | | | | |
|---|---|---|---|---|---|---|---|---|---|---|---|
| 8,32 | 14,52 | 16,76 | 19,04 | 21,34 | 23,50 | 20,82 | 19,74 | 18,42 | 18,10 | 13,78 | 13,75 |
| 10,80 | 14,02 | 16,06 | 17,72 | 17,92 | 18,60 | 19,88 | 22,25 | 21,46 | 20,92 | 19,45 | 17,82 |
| 12,30 | 15,72 | 17,04 | 18,00 | 19,20 | 21,42 | 23,70 | 22,28 | 19,92 | 18,22 | 16,88 | 15,43 |
| 14,60 | 16,74 | 19,84 | 21,86 | 19,34 | 10,70 | 14,86 | 22,90 | 18,88 | 16,90 | 14,35 | 14,50 |
| 9,14 | 13,34 | 15,76 | 17,44 | 18,40 | 19,52 | 21,68 | 21,88 | 19,98 | 18,42 | 15,92 | 14,13 |
| 9,40 | 11,28 | 12,02 | 13,94 | 15,54 | 18,36 | 20,92 | 21,42 | 20,70 | 21,34 | 18,10 | 14,67 |
| 9,30 | 12,32 | 13,48 | 16,84 | 17,88 | 19,64 | 20,58 | 22,20 | 23,64 | 22,06 | 19,66 | 17,92 |
| 9,44 | 11,04 | 12,10 | 14,16 | 18,84 | 16,42 | 18,26 | 21,68 | 21,56 | 23,40 | 19,24 | 13,38 |
| 11,12 | 16,40 | 17,74 | 21,64 | 21,82 | 20,78 | 20,00 | 19,72 | 19,50 | 17,88 | 14,48 | |
| 12,20 | 14,92 | 16,56 | 18,40 | 19,08 | 21,46 | 23,06 | 23,18 | 20,14 | 19,38 | 18,10 | 16,30 |
| 13,10 | 15,62 | 16,80 | 19,04 | 20,22 | 22,02 | 20,32 | 18,64 | 18,02 | 17,68 | 16,46 | 13,42 |
| 11,30 | 14,54 | 16,90 | 18,86 | 21,46 | 23,78 | 25,44 | 23,40 | 18,50 | 16,72 | 16,44 | 14,20 |
| 13,38 | 16,30 | 17,54 | 17,86 | 19,14 | 21,74 | 25,64 | 21,14 | 19,78 | 18,56 | 17,38 | 13,06 |
| | | | 16,54 | 16,52 | 17,58 | 18,38 | 19,42 | 20,38 | 16,35 | | |
| 12,90 | 14,74 | 16,68 | 17,90 | 19,96 | 21,44 | 22,24 | 20,90 | 20,00 | 17,92 | 16,44 | 15,04 |
| 14,44 | 16,62 | 17,00 | 18,92 | 20,16 | 20,46 | 23,64 | 19,40 | 18,98 | 18,02 | 16,80 | 13,97 |
| 9,86 | 12,90 | 15,78 | 18,08 | 20,76 | 20,94 | 21,36 | 19,40 | 18,46 | 17,68 | 16,60 | 15,28 |
| 12,16 | 16,86 | 18,36 | 19,86 | 21,44 | 21,50 | 21,72 | 20,24 | 18,96 | 17,82 | 15,92 | 14,55 |
| 12,42 | 16,00 | 15,46 | 19,28 | 20,02 | 21,72 | 23,82 | 21,76 | 20,50 | 19,14 | 17,52 | 15,25 |
| 11,44 | 14,86 | 17,52 | 17,76 | 19,56 | 20,98 | 22,96 | 21,00 | 19,54 | 16,88 | 16,42 | 12,60 |
| 14,28 | 16,28 | 16,86 | 19,20 | 20,10 | 22,10 | 19,30 | 17,86 | 17,56 | 17,26 | 15,28 | 13,28 |
| 12,52 | 15,60 | 16,52 | 18,22 | 18,86 | 20,08 | 21,20 | 21,76 | 18,76 | 19,10 | 17,20 | 14,82 |
| 13,72 | 16,40 | 18,00 | 16,78 | 14,16 | 14,30 | 17,32 | 18,50 | 19,44 | 20,44 | 21,60 | 20,20 |
| 12,42 | 14,02 | 16,72 | 18,76 | 20,86 | 21,54 | 19,08 | 22,14 | 20,20 | 18,04 | 16,66 | 14,98 |
| 11,74 | 15,36 | 17,54 | 18,48 | 20,66 | 19,04 | 23,70 | 20,10 | 18,72 | 16,94 | 14,76 | |
| 11,94 | 14,26 | 17,04 | 18,24 | 19,90 | 21,00 | 21,14 | 21,20 | 19,22 | 17,72 | 15,98 | 14,30 |
| 12,44 | 15,16 | 16,50 | 17,28 | 18,98 | 19,86 | 22,06 | 21,28 | 23,44 | 18,32 | 14,55 | |
| 13,72 | 15,82 | 17,30 | 18,42 | 19,50 | 21,00 | 23,74 | 21,06 | 19,84 | 18,42 | 18,12 | 16,52 |
| 11,16 | 15,16 | 17,46 | 19,50 | 22,92 | 21,68 | 20,50 | 18,88 | 17,76 | 15,88 | 13,94 | 10,22 |
| 11,58 | 14,54 | 15,86 | 17,64 | 20,64 | 19,84 | 23,58 | 21,52 | 20,26 | 18,24 | 16,00 | 13,30 |
| 12,60 | 15,92 | 18,06 | 19,64 | 20,50 | 23,78 | 21,30 | 19,84 | 16,56 | 17,16 | 14,22 | |
| 12,32 | 16,28 | 17,44 | 19,76 | 19,80 | 24,86 | 20,44 | 20,20 | 18,02 | 17,82 | 14,36 | 16,37 |
| **36806** | **46354** | **51470** | **58506** | **62548** | **65164** | **68264** | **66689** | **62710** | **58873** | **51261** | **39926** |
| 11,87 | 14,95 | 16,60 | 18,28 | 19,55 | 20,36 | 21,33 | 20,84 | 19,60 | 18,40 | 16,53 | 14,79 |

Tafel IV zu S. 78 ff.

Reißfestigkeitskurve des chinesischen Fadens.

(Zum Vergleich ist die Dehnungskurve gestrichelt eingezeichnet.)

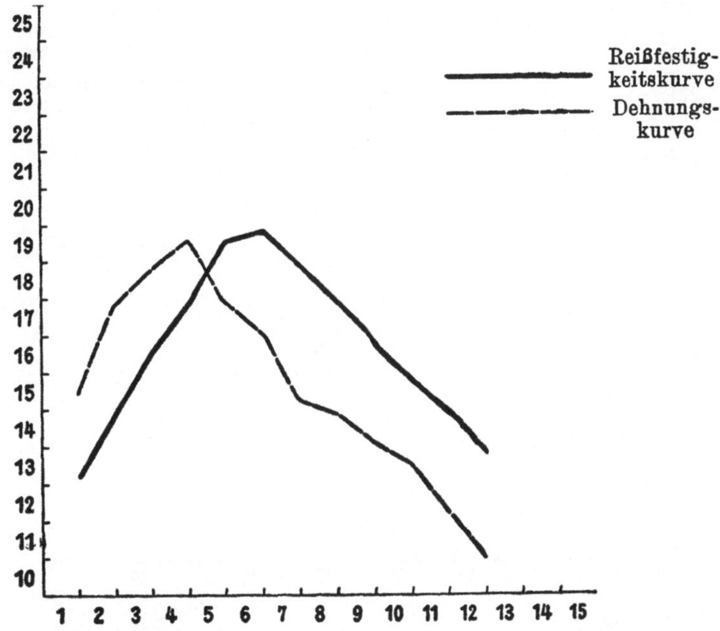


Fadenabschnitte (ca. 50—60 m lang).

Die Ordinate gibt die Grammanzahl an, die Abszisse gibt die Meteranzahl an (die Erklärung gilt auch für die Kurven auf S. 94 u. 95).

Reißfestigkeitskurve des japanischen Fadens.
(Zum Vergleich ist die Dehnungskurve gestrichelt eingetragen.)

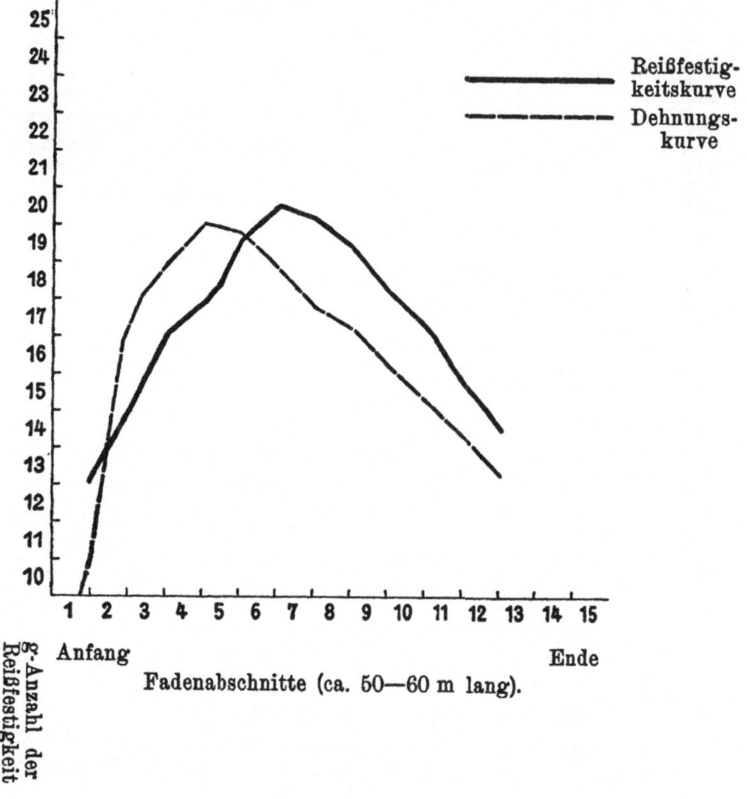

Reißfestigkeitskurve des italienischen Fadens.
(Zum Vergleich ist die Dehnungskurve gestrichelt eingetragen.)

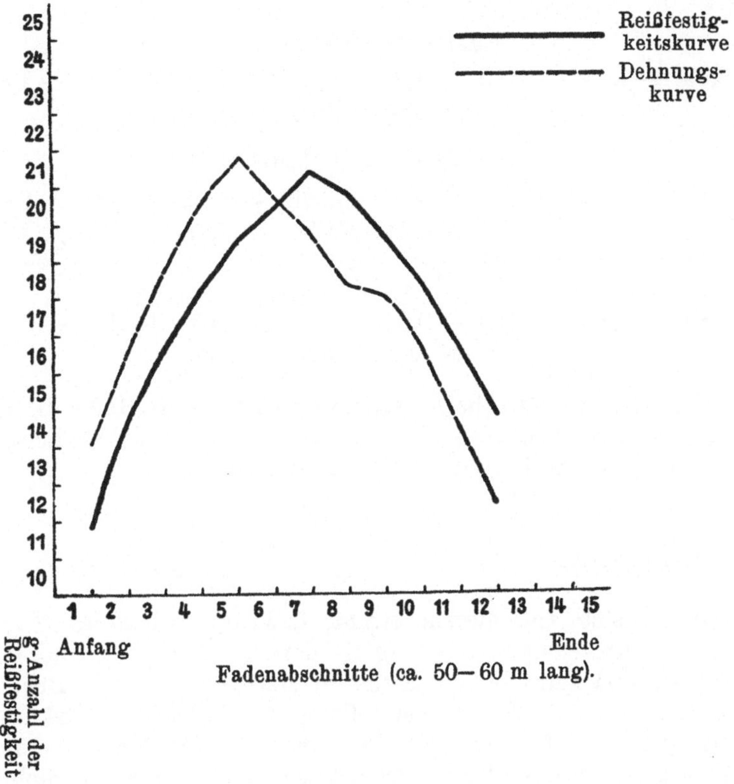

Diese durchschnittliche Reißfestigkeit hat jedoch für die Beurteilung der Qualität eines Seidenfadens nur insofern Bedeutung, wenn man gleichzeitig prüft, wie weit die Ergebnisse der Reißfestigkeit eines Kokons von diesem Mittelwert abweichen. Um diese Abweichung festzustellen, wurde die Differenz der Abschnittsergebnisse zu dem Mittelmaß errechnet. Dabei ergaben sich folgende Werte in g:

chinesische Sorte

—3,59 —1,67 —0,10 +1,35 +2,91 +3,10 +2,20 +1,25 +0,03 —0,87 —1,71 —2,82;

japanische Sorte

—4,26 —2,13 —0,26 +0,64 +2,25 +3,02 +2,70 +2,00 +0,74 —0,24 —1,56 —2,58;

italienische Sorte

—5,88 —2,80 —1,15 +0,53 +1,80 +2,61 +3,58 +3,09 +1,85 +0,65 —1,22 —2,96.

Kurvenmäßig verarbeitet ergeben sich folgende Bilder S. 87, 88, 89. Die entstehenden Flächen wurden mit dem Planimeter ausgewertet. Das Ergebnis war für die

| | | | | | |
|---|---|---|---|---|---|
| chinesische | Seide | eine | Abweichung | von | 4000 qmm |
| japanische | „ | „ | „ | „ | 3570 „ |
| italienische | „ | „ | „ | „ | 4625 „ |

Wenn sich aus diesem ergibt, daß die italienische Seide die größte Abweichung zeigt, so ist daraus allein ein Schluß für die Verwendbarkeit der betr. Seide für die Praxis nicht zu ziehen. In dem Kapitel über die Herstellung der Rohseide (S. 54) ist bereits gesagt, daß es in der Hand der Spinnerin liegt, den aus mehreren Kokonfäden bestehenden Grègefaden durch geschickte Verteilung der verschieden lange Zeit schon laufenden Fäden gleichmäßig zu gestalten. Unter der Voraussetzung, daß diese Arbeit sehr sauber ausgeführt wird, greift naturgemäß das umseitig erwähnte „Mittel“ entscheidend zur Beurteilungsmöglichkeit ein. Je höher dies „Mittel“ ist, um so höher wird die Reißfestigkeit des Grègefadens sein.

Tafel V zu S. 86 ff.

## Abweichungskurve der Reißfestigkeitswerte vom Mittelwerte der chinesischen Sorte.

Die 0-Linie ist die mittlere Reißfestigkeit von 16,61 g. Die Ordinate gibt in Gramm die Abweichung vom mittleren Reißwert in positiver oder negativer Richtung an. Die Abszisse gibt die Fadenlänge in Metern an. Planimetrisch ausgewertet ergeben sich 3699 qmm Abweichung.

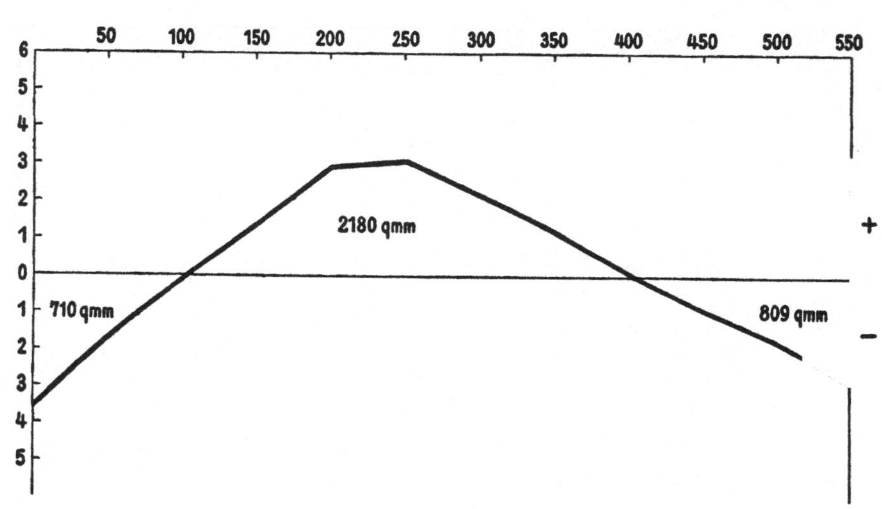

## Tafel VI.

### Abweichungskurve der Reißfestigkeitswerte vom Mittelwerte der japanischen Sorte.

Die 0-Linie ist die mittlere Reißfestigkeit von 17,35 g. Die Ordinate gibt in Gramm die Abweichung vom mittleren Reißwert in positiver oder negativer Richtung an. Die Abszisse gibt die Fadenlänge in Metern an. Planimetrisch ausgewertet ergeben sich 3570 qmm Abweichung.

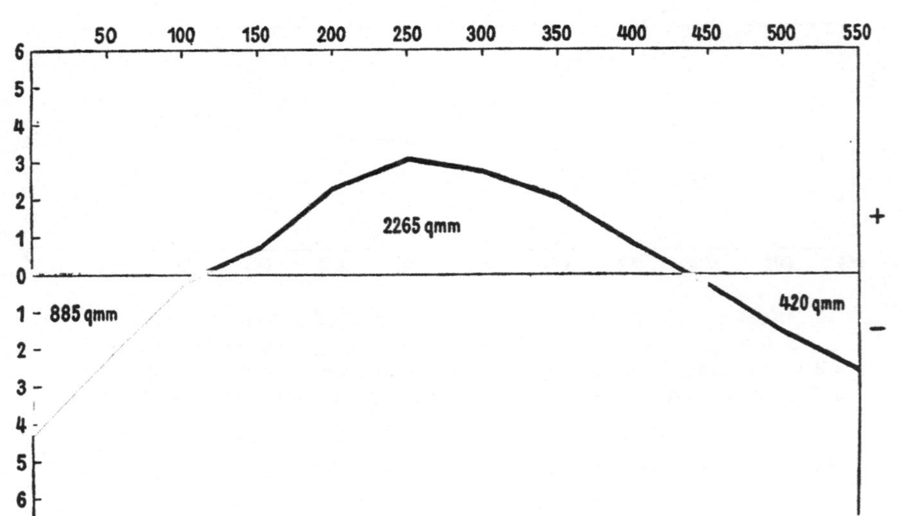

## Tafel VII.

### Abweichungskurve der Reißfestigkeitswerte vom Mittelwert der italienischen Sorte.

Die 0-Linie ist die mittlere Reißfestigkeit von 17,75 g. Die Ordinate gibt in Gramm die Abweichung vom mittleren Reißwert in positiver oder negativer Richtung an. Die Abszisse gibt die Fadenlänge in Metern an. Planimetrisch ausgewertet ergeben sich 4625 qmm Abweichung.

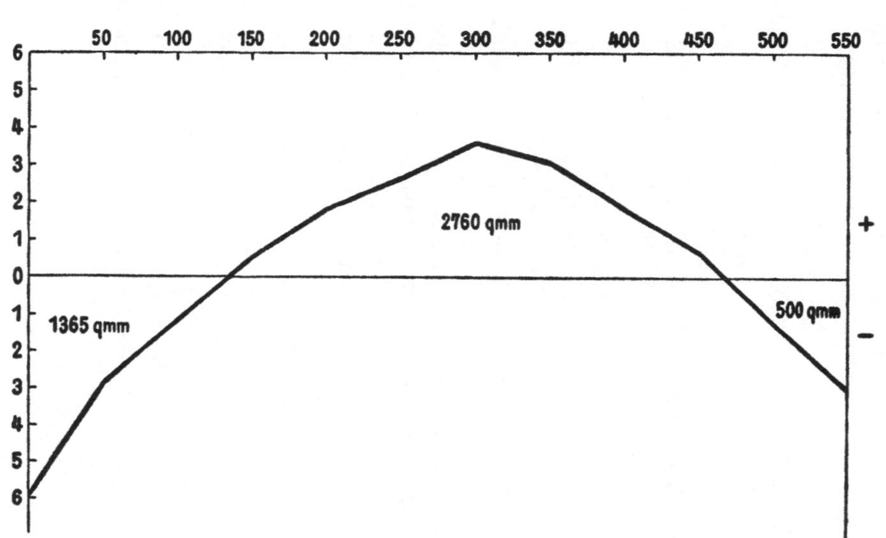

## 4. Ergebnisse der Dehnung.

Die Berechnung der Dehnung wurde analog der Reißfestigkeitsberechnung ausgeführt, d. h. je fünf Einzelmessungen wurden addiert, das Mittel bestimmt und als Abschnittsergebnis eingetragen. Es ergaben sich folgende Werte:

chinesische Seide
(27,17 32,16 34,21 36,13 32,82 31,20 27,92 27,10 25,38 24,18 22,19 19,60)%;

japanische Seide
(18,69 32,35 35,68 37,96 37,72 35,49 33,58 32,19 30,26 28,55 26,36 24,79)%;

italienische Seide
(25,96 31,53 35,64 39,04 41,72 39,54 37,23 34,74 34,22 31,65 27,03 23,50)%.

Kurvenmäßig aufgetragen ergeben sich die Tafeln S. 83, 84, 85, 94, 95.

Zunächst fällt auf, daß der Gipfelpunkt der Dehnungskurven vor dem Gipfelpunkt der Reißfestigkeitskurve liegt. Es steigt also bei dem Seidenfaden die Reißfestigkeit weiter, während die Dehnung schon eine absteigende Linie zeigt. Der Mittelwert der Dehnung war:

für die chinesische Seide 28,34%
„ „ japanische „ 31,30%
„ „ italienische „ 33,48%

Auch bei diesen Ergebnissen gilt das auf Seite 86 Gesagte, daß, wenn hier die italienische Seide die höchste Dehnungsmöglichkeit zeigt, das Resultat nur in Verbindung mit der Abweichung vom Mittel zu beurteilen ist. Die Abweichung ergibt folgende Werte:

chinesische Seide
—1,17 +3,82 +5,87 +7,79 +4,48 +2,86 —0,42 —1,24 —2,96 —4,16 —6,15 —8,74%;

japanische Seide
—1,61 +1,05 +4,38 +6,66 +6,42 +4,19 +4,28 +0,89 —1,04 —2,75 —4,94 —6,51%;

italienische Seide
—7,52 —1,95 +2,16 +5,56 +8,24 +6,06 +3,75 +1,26 +0,74 —1,83 —6,45 —9,98%.

## Dehnungsergebnisse der chinesischen Sorte.

| | | | | | | | | | | | |
|---|---|---|---|---|---|---|---|---|---|---|---|
| 9,40 | 13,80 | 11,30 | 12,40 | 12,60 | 13,40 | 11,10 | 10,50 | 9,90 | 7,60 | | |
| 8,40 | 9,90 | 10,00 | 10,40 | 9,80 | 11,20 | 13,40 | 13,90 | 12,40 | 13,30 | 12,60 | 8,90 |
| 10,30 | 13,30 | 16,20 | 16,70 | 13,10 | 12,30 | 12,50 | 11,10 | 8,60 | 8,70 | 8,60 | 8,60 |
| 12,70 | 12,50 | 14,20 | 14,20 | 13,60 | 12,90 | 10,00 | 11,10 | 10,20 | 9,20 | 8,40 | 6,40 |
| 12,20 | 13,20 | 12,20 | 13,30 | 13,10 | 14,80 | 13,00 | 12,80 | 11,20 | 9,70 | 10,60 | 7,40 |
| 11,90 | 16,00 | 13,40 | 13,30 | 14,10 | 13,60 | 10,70 | 10,10 | 10,30 | 11,40 | 10,10 | 8,60 |
| 12,30 | 15,20 | 15,20 | 11,90 | 12,90 | 14,60 | 10,60 | 9,00 | 10,20 | 10,20 | 7,30 | 10,10 |
| 9,60 | 12,00 | 14,40 | 13,30 | 15,40 | 12,60 | 11,60 | 11,00 | 12,30 | 10,20 | 8,50 | 7,30 |
| 9,30 | 13,60 | 15,90 | 15,90 | 13,80 | 11,60 | 11,60 | 10,80 | 12,80 | 11,20 | 9,00 | 9,70 |
| 11,60 | 11,80 | 12,90 | 14,00 | 14,20 | 13,90 | 13,20 | 11,80 | 10,50 | 11,40 | 10,00 | 19,90 |
| 10,30 | 13,20 | 15,60 | 14,30 | 14,10 | 15,00 | 12,10 | 11,30 | 11,20 | 9,20 | 9,80 | 7,60 |
| 9,00 | 9,60 | 12,10 | 14,10 | 13,20 | 13,60 | 14,60 | 16,50 | 12,80 | 10,50 | 11,40 | 11,40 |
| 12,90 | 11,00 | 11,80 | 15,40 | 13,00 | 11,10 | 11,40 | 10,40 | 10,10 | 11,40 | 8,00 | |
| 11,20 | 13,40 | 13,40 | 13,80 | 14,40 | 14,40 | 12,20 | 13,10 | 10,40 | 9,40 | 10,40 | 7,00 |
| 9,20 | 11,00 | 13,20 | 16,30 | 13,40 | 13,10 | 11,90 | 11,30 | 11,20 | 9,60 | 9,20 | 7,30 |
| 8,00 | 12,40 | 13,30 | 17,00 | 17,40 | 11,00 | 10,10 | 10,80 | 10,40 | 10,60 | 8,20 | 5,80 |
| 12,90 | 13,10 | 14,20 | 14,60 | 13,40 | 11,10 | 8,40 | 8,80 | 8,20 | 8,30 | 7,90 | 5,10 |
| 15,00 | 13,60 | 14,60 | 16,00 | 12,60 | 10,40 | 9,70 | 8,80 | 7,60 | 9,20 | 7,40 | 5,70 |
| 9,90 | 14,80 | 16,20 | 16,60 | 11,70 | 9,50 | 9,60 | 9,00 | 9,80 | 8,90 | 7,80 | |
| 14,20 | 14,00 | 13,80 | 14,90 | 11,00 | 11,60 | 11,50 | 8,30 | 8,10 | 8,30 | 7,60 | 8,10 |
| 12,90 | 14,80 | 15,10 | 14,40 | 9,40 | 10,90 | 10,40 | 8,40 | 7,90 | 10,40 | 8,40 | 7,00 |
| 12,20 | 14,20 | 16,30 | 16,00 | 12,80 | 10,00 | 10,00 | 10,80 | 9,60 | 8,60 | 7,30 | 5,50 |
| 8,70 | 11,40 | 11,40 | 15,40 | 12,50 | 12,40 | 12,50 | 12,20 | 11,80 | 11,80 | 9,50 | 8,50 |
| 8,40 | 12,70 | 13,60 | 13,70 | 14,60 | 11,40 | 10,60 | 9,90 | 10,30 | 9,10 | 7,40 | 8,20 |
| 9,90 | 14,70 | 14,60 | 18,30 | 11,80 | 11,00 | 10,00 | 10,00 | 11,20 | 8,60 | 6,20 | |
| 13,40 | 14,80 | 15,00 | 16,20 | 13,80 | 14,70 | 9,60 | 10,10 | 8,50 | 9,90 | 8,80 | 7,20 |
| 7,70 | 13,60 | 13,10 | 13,00 | 14,30 | 14,50 | 12,10 | 13,10 | 10,40 | 12,10 | 11,10 | 9,40 |
| 8,60 | 11,50 | 12,10 | 14,50 | 13,10 | 12,40 | 10,60 | 9,30 | 8,10 | 3,50 | | |
| 10,80 | 10,20 | 14,40 | 13,20 | 14,20 | 14,20 | 9,10 | 8,00 | 9,20 | 7,70 | 8,30 | 7,20 |
| 10,90 | 10,10 | 11,40 | 12,60 | 12,70 | 12,50 | 12,70 | 13,30 | 11,70 | 10,30 | 8,30 | 8,20 |
| 10,40 | 14,20 | 14,40 | 12,70 | 12,10 | 15,20 | 11,00 | 11,30 | 9,70 | 10,90 | 11,00 | 7,80 |
| 13,60 | 12,10 | 12,60 | 14,10 | 12,00 | 8,50 | 9,60 | 10,10 | 8,30 | 8,30 | 7,20 | |
| **34780** | **41170** | **43790** | **46250** | **42010** | **39940** | **35740** | **34690** | **32490** | **30950** | **26630** | **20390** |
| 27,17 | 32,16 | 34,21 | 36,13 | 32,82 | 31,20 | 27,92 | 27,10 | 25,38 | 24,18 | 22,19 | 19,60 |

% Dehnung

Jede Zeile bedeutet die gesamte Länge des Konkonfadens. Jede Zahl bedeutet einen Abschnitt von rund 50—60 m (Mittel), links ist der Anfang des Fadens, rechts das Ende.

## Dehnungsergebnisse der japanischen Sorte.

| | | | | | | | | | | | |
|---|---|---|---|---|---|---|---|---|---|---|---|
| 12,30 | 13,80 | 16,60 | 13,30 | 13,30 | 12,40 | 15,30 | 13,90 | 12,80 | 13,80 | 11,90 | 11,20 |
| 12,80 | 13,60 | 15,00 | 15,70 | 12,10 | 13,60 | 15,50 | 12,00 | 13,90 | 13,90 | 11,70 | 10,40 |
| 13,80 | 11,60 | 12,50 | 14,30 | 15,20 | 13,00 | 12,80 | 16,40 | 13,90 | 11,80 | 8,90 | 8,10 |
| 8,10 | 11,30 | 13,40 | 14,50 | 17,40 | 18,30 | 14,80 | 11,40 | 12,50 | 12,10 | 11,00 | 5,90 |
| 12,90 | 15,80 | 19,80 | 19,00 | 15,40 | 11,90 | 12,00 | 10,60 | 11,40 | 11,90 | 11,10 | 7,80 |
| 9,90 | 13,80 | 14,50 | 15,40 | 19,40 | 14,90 | 14,80 | 11,90 | 13,90 | 11,80 | 9,90 | 11,00 |
| 11,10 | 12,00 | 11,20 | 12,20 | 10,40 | 9,90 | 11,30 | 13,10 | 16,10 | 15,40 | 15,70 | 12,10 |
| 12,00 | 13,40 | 13,50 | 8,50 | 9,60 | 13,00 | 13,00 | 14,40 | 12,00 | 10,00 | 9,20 | |
| 15,30 | 16,00 | 16,10 | 16,40 | 16,50 | 16,40 | 14,50 | 11,80 | 10,10 | 9,60 | 11,20 | 9,20 |
| 6,80 | 8,50 | 13,20 | 17,40 | 19,20 | 13,90 | 12,00 | 10,60 | 7,40 | 8,40 | 8,40 | |
| 15,30 | 13,40 | 13,80 | 19,00 | 16,90 | 11,50 | 11,10 | 12,40 | 9,70 | 11,10 | 10,60 | 9,80 |
| 10,20 | 12,40 | 13,90 | 15,60 | 14,30 | 13,10 | 11,90 | 9,70 | 11,40 | 9,40 | 6,90 | 9,90 |
| 11,40 | 12,40 | 12,10 | 16,90 | 16,00 | 15,50 | 14,30 | 12,00 | 11,80 | 10,60 | 14,10 | 12,30 |
| 9,10 | 13,50 | 14,80 | 11,40 | 11,40 | 9,80 | 6,80 | | | | | |
| 9,10 | 14,20 | 14,60 | 14,90 | 14,10 | 17,30 | 13,90 | 12,60 | 12,20 | 11,00 | 10,10 | 10,00 |
| 15,40 | 16,00 | 15,40 | 18,20 | 15,80 | 14,70 | 12,00 | 10,80 | 10,00 | 9,60 | 8,60 | 7,50 |
| 8,00 | 10,60 | 13,90 | 15,00 | 16,00 | 13,40 | 14,60 | 12,60 | 11,50 | 10,70 | 9,00 | 6,90 |
| 10,60 | 12,80 | 13,00 | 18,40 | 18,70 | 15,70 | 12,90 | 14,70 | 10,90 | 9,40 | 8,60 | |
| 12,90 | 14,20 | 15,20 | 18,10 | 16,50 | 19,50 | 13,50 | 14,00 | 13,00 | 10,50 | 10,90 | |
| 10,00 | 11,50 | 11,00 | 11,20 | 14,30 | 11,80 | 16,00 | 15,70 | 13,60 | 13,20 | 13,80 | 11,10 |
| 6,20 | 10,50 | 13,60 | 14,60 | 15,80 | 13,60 | 15,50 | 15,40 | 13,10 | 13,00 | 9,80 | |
| 13,40 | 12,50 | 17,20 | 18,70 | 14,10 | 15,50 | 12,00 | 11,50 | 9,70 | 10,60 | 10,30 | 8,90 |
| 11,60 | 12,40 | 12,60 | 13,20 | 15,20 | 12,40 | 14,60 | 14,00 | 13,90 | 14,10 | 12,20 | 10,60 |
| 11,50 | 13,10 | 16,80 | 16,90 | 13,90 | 16,70 | 15,40 | 13,10 | 11,00 | 10,30 | 10,50 | 7,50 |
| 10,80 | 10,80 | 12,20 | 13,80 | 13,30 | 13,20 | 14,60 | 14,10 | 14,30 | 13,90 | 10,20 | 11,10 |
| 12,50 | 11,70 | 11,80 | 13,00 | 16,00 | 14,50 | 15,90 | 13,30 | 10,80 | 11,30 | 10,30 | 11,30 |
| 8,00 | 11,70 | 13,90 | 15,10 | 16,30 | 16,70 | 14,90 | 11,80 | 13,00 | 10,80 | 8,30 | 4,00 |
| 12,00 | 11,40 | 16,00 | 14,80 | 14,20 | 12,00 | 10,90 | 11,30 | 12,50 | 12,70 | 11,90 | 10,70 |
| 13,90 | 11,50 | 14,60 | 13,50 | 16,10 | 13,80 | 11,70 | 13,60 | 12,80 | 11,00 | 12.50 | 10,00 |
| 11,10 | 15,50 | 13,20 | 14,90 | 14,10 | 14,80 | 15,80 | 14,20 | 12,80 | 12,60 | 11,80 | 9,60 |
| 15,20 | 14,70 | 16,30 | 17,00 | 15,00 | 17,70 | 12,90 | 14,30 | 12,50 | 10,30 | 9,20 | 11,10 |
| 14,40 | 17,50 | 15,00 | 15,00 | 17,30 | 13,80 | 12,70 | 12,00 | 10,70 | 9,20 | 8,30 | |
| **36730** | **41410** | **45670** | **48590** | **48280** | **45430** | **42990** | **39920** | **37520** | **35400** | **32690** | **23800** |
| 18,69 | 32,35 | 35,68 | 37,96 | 37,72 | 35,49 | 33,58 | 32,19 | 30,26 | 28,55 | 26,36 | 24,79 |

% Dehnung

## Dehnungsergebnisse der italienischen Sorte.

| | | | | | | | | | | | |
|---|---|---|---|---|---|---|---|---|---|---|---|
| 8,10 | 12,00 | 15,10 | 16,40 | 17,50 | 17,40 | 14,60 | 13,90 | 13,50 | 12,90 | 9,50 | 10,60 |
| 9,50 | 10,50 | 10,80 | 15,20 | 14,40 | 13,70 | 17,40 | 15,60 | 14,10 | 13,90 | 11,80 | 12,50 |
| 9,50 | 12,70 | 13,80 | 16,20 | 15,80 | 15,70 | 14,30 | 15,20 | 13,50 | 12,40 | 10,70 | 9,30 |
| 10,90 | 12,50 | 14,80 | 15,40 | 16,10 | 7,90 | 10,90 | 14,80 | 13,00 | 12,10 | 10,70 | 8,80 |
| 10,40 | 14,20 | 14,20 | 15,80 | 17,40 | 14,90 | 16,00 | 13,80 | 14,90 | 13,60 | 10,40 | 11,00 |
| 7,20 | 9,10 | 7,50 | 11,70 | 12,40 | 14,60 | 14,00 | 15,40 | 13,60 | 14,20 | 11,80 | 9,00 |
| 7,10 | 9,20 | 9,10 | 14,00 | 14,00 | 15,00 | 16,20 | 15,20 | 15,40 | 15,10 | 15,20 | 11,20 |
| 5,10 | 7,30 | 7,70 | 10,20 | 9,70 | 14,60 | 12,60 | 15,00 | 13,70 | 15,50 | 15,30 | 7,10 |
| 8,10 | 11,80 | 13,90 | 17,20 | 14,30 | 17,80 | 12,60 | 15,00 | 15,00 | 12,60 | 7,70 | |
| 9,80 | 12,90 | 14,90 | 16,40 | 15,30 | 15,70 | 15,40 | 12,80 | 11,60 | 13,80 | 11,60 | 11,80 |
| 10,60 | 11,80 | 12,00 | 17,00 | 17,40 | 17,50 | 15,10 | 12,40 | 13,00 | 10,60 | 10,90 | 4,10 |
| 13,10 | 14,40 | 17,00 | 19,70 | 21,20 | 16,40 | 17,70 | 16,80 | 14,20 | 12,50 | 8,60 | 8,90 |
| 10,20 | 13,50 | 17,40 | 17,20 | 18,10 | 21,70 | 16,50 | 16,40 | 14,90 | 14,30 | 11,60 | 7,80 |
| | | | 11,90 | 11,80 | 16,30 | 15,20 | 14,60 | 16,30 | 12,20 | | |
| 14,30 | 12,80 | 16,60 | 15,50 | 16,60 | 24,00 | 15,80 | 13,30 | 15,00 | 11,10 | 11,80 | 10,00 |
| 10,50 | 13,10 | 17,50 | 16,00 | 17,70 | 14,90 | 16,90 | 12,40 | 9,50 | 10,40 | 11,00 | 11,00 |
| 9,10 | 9,90 | 14,50 | 13,30 | 17,90 | 13,60 | 13,20 | 14,40 | 12,20 | 11,20 | 11,80 | 9,00 |
| 11,30 | 16,80 | 14,20 | 15,10 | 15,70 | 16,70 | 13,90 | 13,60 | 14,30 | 14,80 | 9,90 | 7,50 |
| 9,90 | 12,80 | 15,60 | 15,80 | 16,60 | 17,10 | 15,10 | 11,20 | 14,20 | 11,20 | 10,00 | 8,10 |
| 12,80 | 11,90 | 14,40 | 16,90 | 16,00 | 17,00 | 15,10 | 14,40 | 12,00 | 9,40 | 11,40 | 5,60 |
| 13,10 | 14,90 | 15,90 | 15,40 | 18,60 | 16,20 | 12,20 | 13,60 | 11,90 | 10,10 | 9,70 | 7,10 |
| 11,00 | 13,30 | 13,30 | 17,80 | 15,10 | 15,50 | 15,50 | 13,00 | 13,20 | 14,80 | 11,40 | 14,90 |
| 10,90 | 15,80 | 14,30 | 10,20 | 9,70 | 13,00 | 15,10 | 14,90 | 18,30 | 16,40 | 14,60 | 11,60 |
| 10,00 | 12,50 | 14,60 | 14,90 | 18,10 | 13,50 | 13,90 | 14,40 | 13,80 | 11,60 | 10,30 | 9,50 |
| 9,90 | 11,90 | 16,70 | 16,00 | 22,20 | 16,10 | 16,60 | 14,20 | 13,00 | 11,30 | 10,10 | |
| 11,10 | 10,30 | 14,50 | 19,80 | 16,20 | 15,40 | 14,70 | 14,50 | 14,00 | 13,10 | 11,00 | 7,70 |
| 11,30 | 15,20 | 13,60 | 16,20 | 18,30 | 16,40 | 17,00 | 13,70 | 13,00 | 14,60 | 8,10 | |
| 10,00 | 12,80 | 17,40 | 15,80 | 20,80 | 17,00 | 15,90 | 12,60 | 13,20 | 12,20 | 13,70 | 11,90 |
| 12,90 | 14,80 | 16,80 | 17,40 | 19,20 | 15,00 | 12,60 | 12,50 | 13,40 | 9,60 | 6,60 | 7,50 |
| 8,40 | 10,60 | 12,60 | 16,70 | 20,10 | 12,50 | 15,10 | 10,60 | 13,30 | 14,10 | 11,60 | 10,10 |
| 17,00 | 17,20 | 16,20 | 17,10 | 22,80 | 16,60 | 13,20 | 10,20 | 15,50 | 10,20 | 7,40 | |
| 8,80 | 12,50 | 15,00 | 16,50 | 17,00 | 16,40 | 16,20 | 14,30 | 11,50 | 13,30 | 9,00 | 10,20 |
| **32190** | **39100** | **44190** | **49970** | **53400** | **50610** | **47650** | **44470** | **43800** | **40510** | **33520** | **25380** |
| 25,96 | 31,53 | 35,64 | 39,04 | 41,72 | 39,54 | 37,23 | 34,74 | 34,22 | 31,65 | 27,03 | 23,50 |

% Dehnung

Dehnungskurve des chinesischen Fadens.

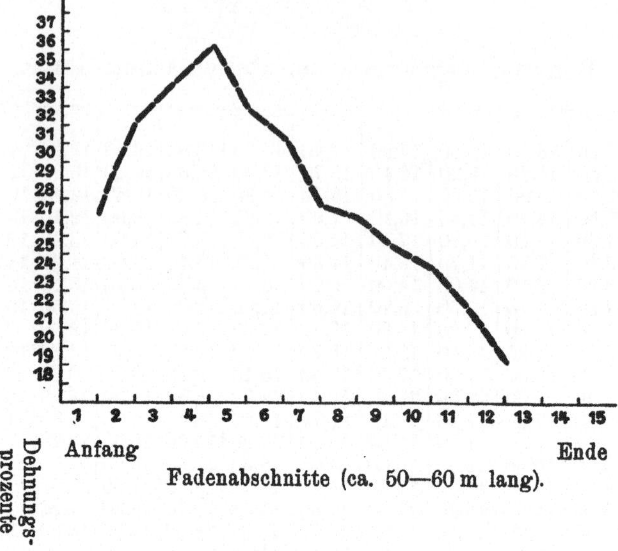


Dehnungskurve des japanischen Fadens.

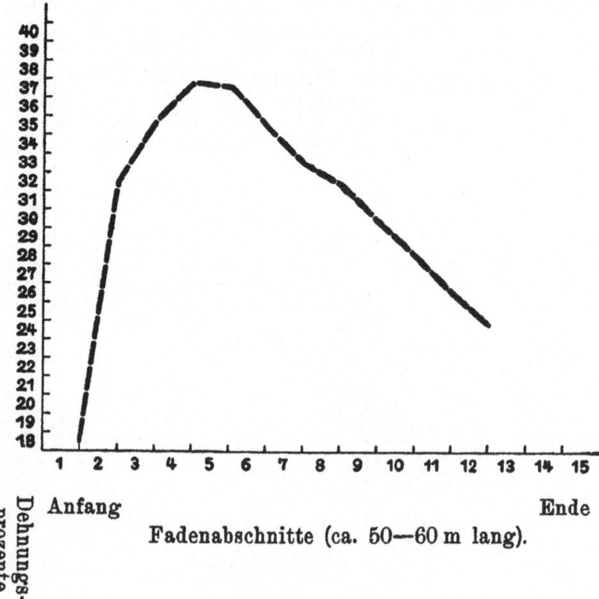

Kurvenmäßig aufgetragen entstehen die Tafeln S. 97, 98, 99. Planimetrisch ausgewertet ergibt sich für die

chinesische Seide eine Abweichung von 8705 qmm
japanische „ „ „ „ 8990 „
italienische „ „ „ „ 9110 „

Diese Abweichung ist wie bei der Reißfestigkeitsabweichung nur vom wissenschaftlichen Standpunkte aus allein maßgebend. Die Praxis muß stets berücksichtigen, daß der von ihr verwandte Grègefaden das Produkt mehrerer Kokonfäden ist, deren „Schwächen“ und „Stärken“ weitgehend untereinander auszugleichen sind.

Dehnungskurve des italienischen Fadens.

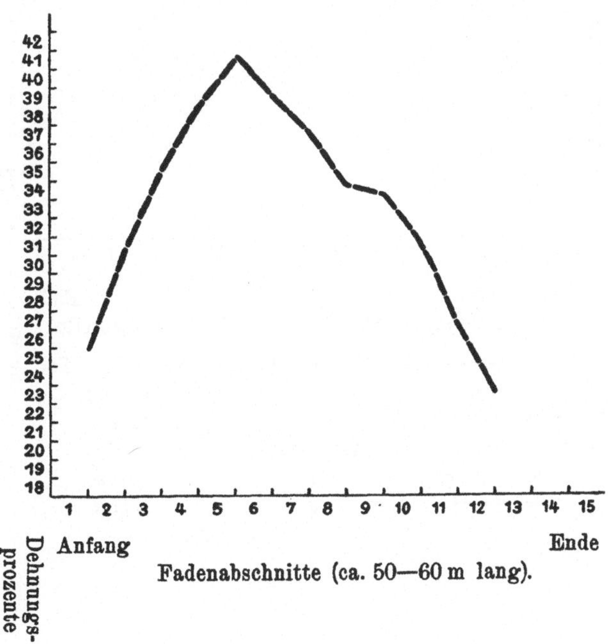

Zusammenstellung der gesamten Kurven der Reißfestigkeit und Dehnung.

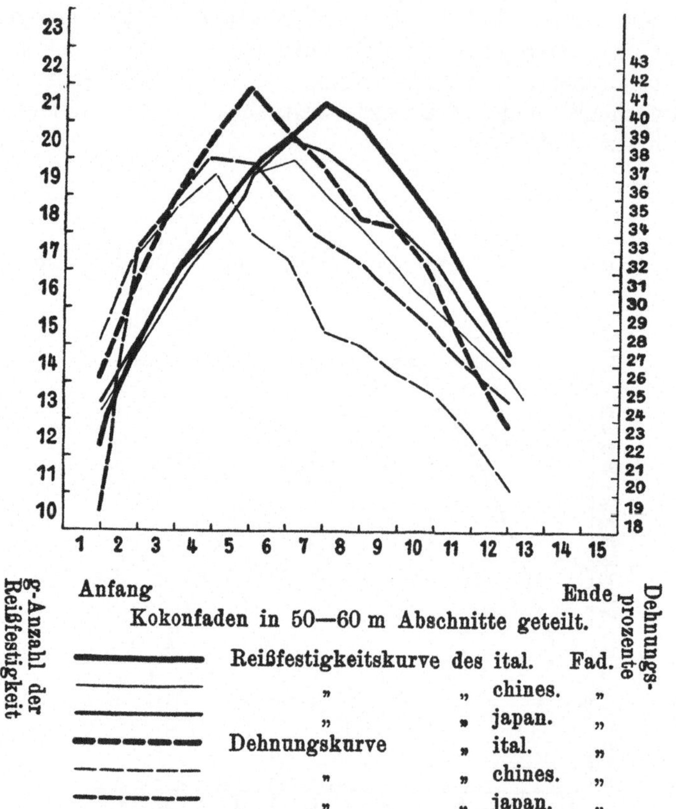

## Tafel VIII zu S. 95.

### Abweichungskurve der Dehnungswerte vom Mittelwerte der chinesischen Sorte.

Die 0-Linie ist die mittlere Dehnung von 28,34 %. Die Ordinate gibt in Prozenten die Abweichung vom mittleren Dehnungswert in positiver oder negativer Richtung an. Die Abszisse zeigt die Fadenlänge in Metern. Planimetrisch ausgewertet ergeben sich 8705 qmm Abweichung.

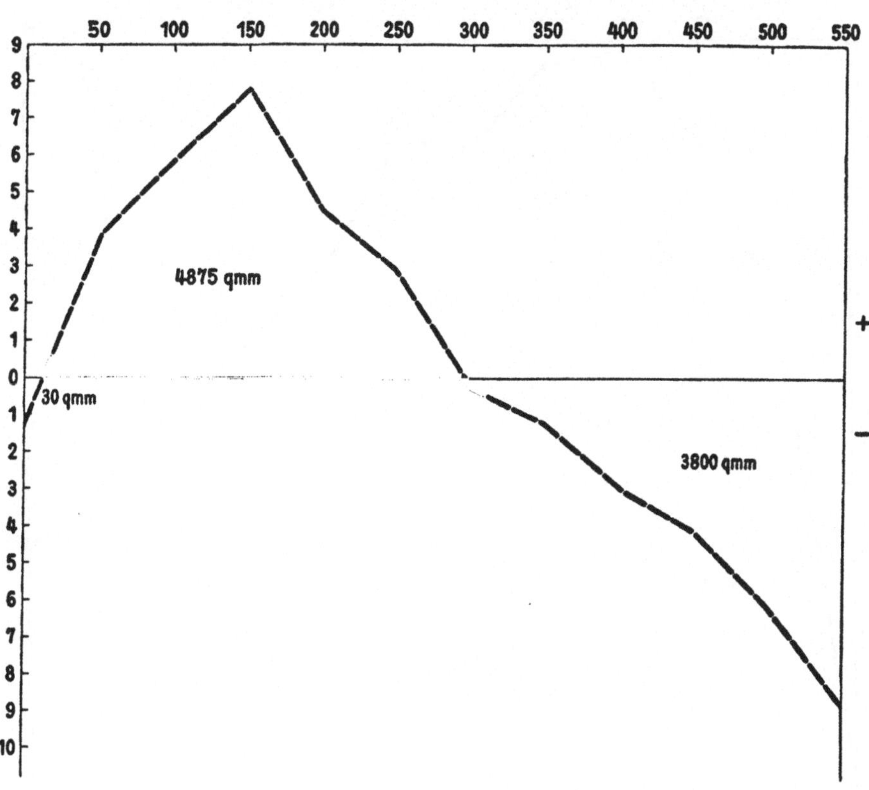

## Tafel IX zu S. 95.

### Abweichungskurve der Dehnungswerte vom Mittelwert der japanischen Sorte.

Die 0-Linie ist die mittlere Dehnung von 31,30 %. Die Ordinate gibt in Prozenten die Abweichung vom mittleren Dehnungswert in positiver oder negativer Richtung an. Die Abszisse zeigt die Fadenlänge in Metern. Planimetrisch ausgewertet ergeben sich 8990 qmm Abweichung.

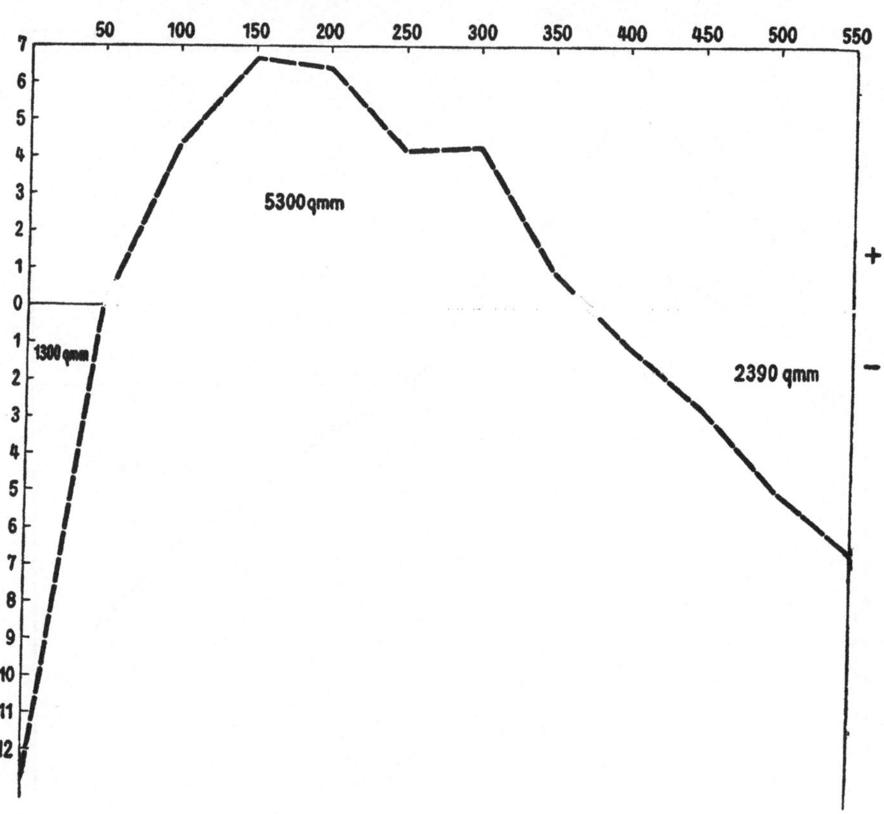

## Tafel X zu S. 95.

### Abweichungskurve der Dehnungswerte vom Mittelwerte der italienischen Sorte.

Die 0-Linie ist die mittlere Dehnung von 33,48%. Die Ordinate gibt in Prozenten die Abweichung vom mittleren Dehnungswert in positiver oder negativer Richtung an. Die Abszisse zeigt die Fadenlänge in Metern an. Planimetrisch ausgewertet ergeben sich 9110 qmm Abweichung.

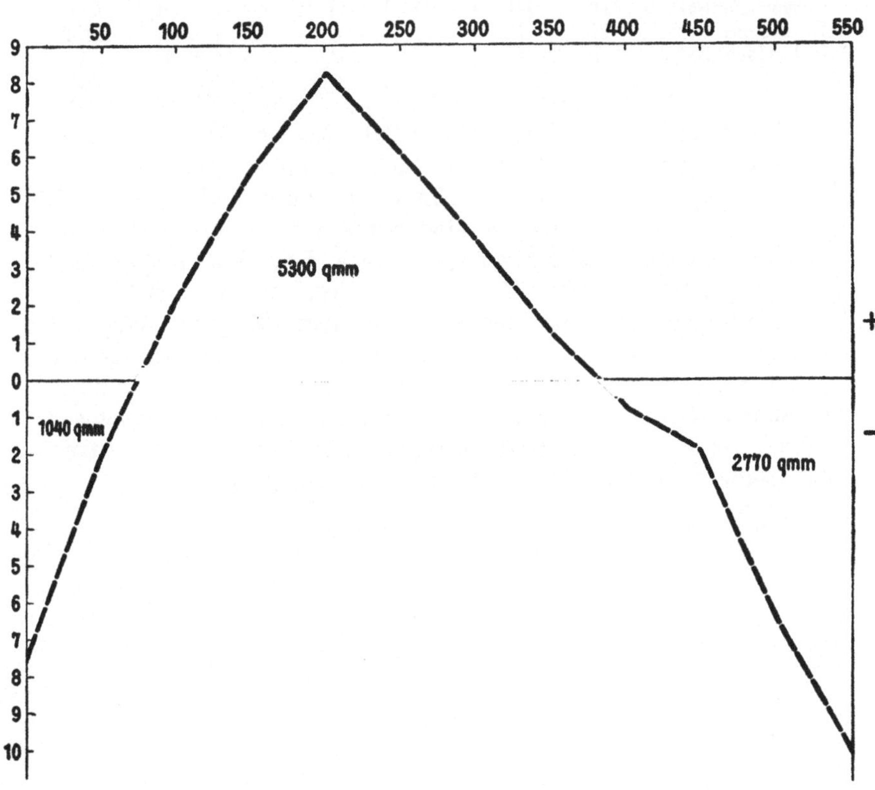

## 5. Zusammenstellung der eigenen Untersuchungen.

Als Ergebnis meiner Aufgabe glaube ich, folgenden Schluß ziehen zu dürfen. Es ist gelungen, einen Unterschied zwischen den drei von mir untersuchten Kokonrassen zu finden. Wenn ich die Eigenschaften einzeln bonitiere mit den Noten I—III [13]), so ergibt sich folgendes Bild:

| | Fadenlänge | Windbarkeit | Mittel d. Reißfestigkeit | Abweichung v. Mittel | Mittel d. Dehnung | Abweichung v. Mittel | Summe |
|---|---|---|---|---|---|---|---|
| Chinesische Sorte | III | III | III | I | III | I | XIV |
| Japanische Sorte | II | II | II | II | II | III | XIII |
| Italienische Sorte | I | II | I | III | I | II | X |

Hiernach wäre also der italienische Kokon der beste. Wenn es aber einem Industriellen nicht auf alle Eigenschaften ankommt, dann kann er sich den Kokon mit den für ihn günstigsten Eigenschaften aussuchen. Ich bemerke jedoch ausdrücklich, daß sich meine Versuche nur auf je eine Sorte des Landes erstreckten und bin mir klar, daß Versuche, die von anderer Seite in ähnlicher Weise gemacht werden sollten, andere Resultate ergeben können.

Trotzdem halte ich den von mir eingeschlagenen Weg bei weiterer Vervollkommnung für erfolgreich, um im Laufe der Jahre tatsächlich die „beste“ Seide herauszufinden. Wenn diese gefundene Qualität allgemein anerkannt ist, dürfte es nicht schwer fallen, die Rasse in sich zu festigen zu größtmöglichem Nutzen des Seidenraupenzüchters und der Seidenindustrie.

[13]) I = sehr gut, II = gut, III = genügend.

# VII. Die geschichtliche Entwicklung der deutschen Seidenraupenzuchten und Ausblick für die Zuchtbestrebungen in Deutschland.

Hermann Rudy (Freiburg) hat einen Abriß der Geschichte der Seidenkultur geschrieben[1]). Ich entnehme dieser Schrift die Hauptdaten, um einen Überblick über die Geschichte des deutschen Seidenbaues zu geben. Man erkennt aus seinen Ausführungen, daß die Bestebungen zur Einführung der Seidenraupenzucht eine lange Spanne bereits umfassen, jedoch jedes Mal an irgendwelchen Umständen scheiterten.

Wir wissen, daß im 16. Jahrhundert in Oberitalien die Seidenraupenzucht bekannt war. 1598 wurde am Oberrhein, in Würzburg und Stuttgart mit „Erfolg" Seidenbau betrieben. Friedrich I. von Württemberg ließ längs der Tauber im Jahre 1600 große Maulbeerkulturen anlegen, doch führten diese zu keinem Erfolg. Ebensowenig gelang es Wallenstein sowie der brandenburgischen Prinzessin Elisabeth Erfolge zu erringen, da der 30 jährige Krieg alle Bestrebungen vereitelte. 1669 begann man in Bayern gewaltige Anstrengungen zu machen, doch blieb der Erfolg aus, weil alles gesammelte Kapital mit dem Bau von Fabriken und der Anlage von Plantagen ausgegeben war. Mit Beginn des 18. Jahrhunderts versuchte die Württembergische Regierung erneut, jedoch erfolglos die Einführung. Erzbischof Karl Philipp von Würzburg machte 1753—1772 Anstrengungen zur Ausbreitung, doch die geschäftliche Ausbeutung verbitterte die Bauern und führte 1798 zum vollkommenen Aufhören aller derartigen Bestrebungen. Um die Mitte des 18. Jahrhunderts hat Friedrich der Große sich für die Einführung eingesetzt[2]) jedoch ging der zweifellos

---

[1]) Badische Blätter für angewandte Entomologie Bd. 2, 1926, Heft 1 (März).

[2]) Privilegien an Baron von der Leyen zwecks Schaffung einer Art Seidenmonopol.

nicht geringe Erfolg zurück, als zollpolitische Schwierigkeiten einsetzten. 1804 legte man um Mannheim herum neue Plantagen an und erzielte mit den dort gezüchteten Seiden so gute Stoffe, daß diese auf der Karlsruher Industrie-Ausstellung im Jahre 1821 große Anerkennung fanden. Baden bemühte sich ununterbrochen, die Seidenkultur wieder neu zu beleben. Der Staat subventionierte die Bestrebungen. 1836 gründete man in Freiburg eine Hauptmusterschule des Seidenbaues. In Oberbaden hat ein gewisser Josef Mayer bis 1850 mit Erfolg Seide produziert, verlor aber dann aus wirtschaftlichen Momenten heraus die Kunden, welche die Kokons abgekauft hatten. 1860 gingen die ganzen Anlagen durch die von Frankreich eingeschleppte Seuche vollkommen zugrunde. Kleine Versuche wurden 1870 gemacht (ohne Bedeutung). Ebensolche fanden bis nach dem Kriege in einzelnen Orten Deutschlands statt.

Die Gegner des Seidenbaues führen vielfach als Beweis der „Unmöglichkeit der Einführung“ die Geschichte der deutschen Seidenbaubestrebungen an. Aus diesen ist bei objektiver Beurteilung nichts für die Zukunft zu ersehen, denn die Gründe des Erliegens waren zu jedem Zeitabschnitt andere. Die Frage, ist der Seidenbau in Deutschland an sich jetzt möglich, ist vom biologischen und klimatischen Standpunkt aus bedingt zu bejahen. Ob der Seidenbau rentabel ist und somit volkswirtschaftlich gesund, ist eine absolut ungeklärte Frage[3]). Die Rentabilität ist sofort geklärt, wenn wir Seide erzielen, welche die Qualität des Auslandes übertrifft. Bei Erzielung gleicher Qualität ist die Rentabiliät noch nicht gegeben, da das Ausland mit billigeren Arbeitskräften arbeitet. Daß die Seidenraupe ein Tier der wärmeren Zone ist, kann nicht bestritten werden, jedoch ist die moderne Tierzucht in der Lage, Rassen herauszukreuzen, die einer kälteren Temperatur mit größeren Niederschlägen angepaßt sind.

Der Maulbeerbaum gedeiht in Deutschland gut; jedoch muß man für Deutschland die Einschränkung machen, daß ein so vollständiges Entlauben wie im Süden nicht möglich ist. Naturgemäß verteuert dies die Aufzucht wegen einer größeren zu amortisierenden Kapitalmenge, die in einer größeren Anzahl

---

[3]) Die D.L.G. arbeitet durch den Unterausschuß für den Seidenbau augenblicklich stark an den Fragen der Rentabilitätsberechnung zwecks Einführung dieses Produktionszweiges.

Bäume angelegt ist. Diese Einschränkung ist jedoch nicht so schwerwiegend. Bezüglich der Frage: Baum oder Strauch ist es noch ganz ungeklärt[4]), welches System für Deutschland das richtige ist.

Schwerwiegende Bedenken gegen die Einführung sind die wirtschaftlich kapitalistischen und sozialen Verhältnisse, die m. E. für die Seidenraupenzucht ausschlaggebende Bedeutung haben. Je höher die Kultur eines Landes ist, um so weniger ist der Seidenbau möglich. Aus der Tabelle auf S. 43 geht hervor, daß Länder mit hoher landwirtschaftlicher Intensität und starker Industrie nicht Seidenbau treiben können:

1. weil der Erwerb aus dem Seidenbau geringer ist als der aus landwirtschaftlichen Produkten,
2. weil die landwirtschaftliche Ernte mit späteren Zuchten zusammenfällt und keine Arbeitskräfte zur Verfügung stehen,
3. weil die Industrie durch Bezahlung höherer Löhne die landwirtschaftlichen Arbeiter an sich reißt[5]).

Die Seidenraupenzucht ist keine Beschäftigung für den Fabrikarbeiter, der 8 Tagesstunden nicht zu Hause ist, sondern die eines Bauern, der sich seine Arbeitszeit selbst einteilen kann.

Einmal beschneidet die Industrie direkt den Seidenbau, durch die Abwanderung der Bauern und Bauernkinder, das andere Mal beeinträchtigt sie die Seidenkultur indirekt durch Abwanderung der Spinnereimädchen in die Fabriken, so daß die Spinnerei wegen der Lohndifferenzschwierigkeit schließen oder an anderer Stelle anfangen muß, wo noch tragbare Löhne sind. In der Gegend von Malnate sprach ich verschiedene Spinner, welche vor der Frage standen, ihren Betrieb zu schließen oder zu versuchen, an anderer Stelle neu aufzubauen. Zu letzterem Entschluß konnten sie sich im allgemeinen nur schwer durchringen, weil sie sich mit Recht sagten, daß bei weiterer Industrieausdehnung sie in wenigen Jahren vor derselben Frage stehen würden. Zieht man einen Vergleich Deutschland-Italien, läßt sich unschwer erkennen, daß bezüglich Industrieausdehnung beide Länder ziemlich gleich stehen, bezüglich intensiver landwirtschaftlicher Kultur Deutschland für den Seidenbau ungünstiger zu veranschlagen ist.

---

[4]) Vgl. Maas, Bemerkungen zur Einführung der Seidenraupenzucht in Deutschland S. 9.

[5]) Wir sehen den Rückgang des Seidenbaues in der Gegend von Como, wo sich die Industrie stark ausbreitet.

Zuletzt möchte ich noch die Frage der Währung berühren, die m. E. eine große Rolle spielt. Zum Vergleich: Wie ist es möglich, daß im Bezirk Tessin, der bezüglich Klima und einer durch Tradition mit dem Seidenbau vertrauten Bevölkerung bei maulbeerwüchsigem Boden für den Seidenbau sehr günstig dasteht, dennoch kaum Seidenzucht getrieben wird? Die Antwort lautet: Weil einst mit veränderter Währung andere Lohnsätze aufkamen, und die Schweiz jetzt mit dem angrenzenden Italien bezüglich Preiswürdigkeit der Seidenprodukte nicht mehr konkurrieren kann. Das Beispiel ist typisch und sollte den Verfechtern der Einführung der deutschen Seidenzucht den Weg zur objektiven Beurteilung weisen.

Bevor man sich heute intensiv für die Einführung einsetzt, muß eine genaue Prüfung der Rentabilität stattfinden. Auf verschiedenen Tagungen der Deutschen Landwirtschaftsgesellschaft wurde der Entschluß gefaßt, dafür zu sorgen, daß die Propaganda zugunsten der Einführung gänzlich eingestellt werden sollte. Es wäre erwünscht, wenn sich einzelne Leute als Pioniere in den Dienst der Sache stellen würden und das Risiko auf sich nähmen, ihr Geld gegebenenfalls zu verlieren. Leider ist seitens der D. L. G. dieser Beschluß nicht in die Tat umgesetzt worden, wenigstens nicht in dem Maße, wie man es erwarten konnte. Dadurch war für unsaubere Elemente die Möglichkeit gegeben, sich auf Kosten unwissender Leute durch Vertrieb von Maulbeerbäumen und Büchern mit übertriebenen Rentabilitätsberechnungen zu bereichern.

Wenn aus meinen Zeilen herausgelesen werden sollte, daß ich Gegner der Seidenraupenzucht in Deutschland bin, so ist dazu zu bemerken, daß nur strengste Objektivität infolge persönlicher Erfahrungen im Ausland mich zur Ablehnung gebracht hat. Mit jedem Deutschen würde ich mich freuen, wenn meine Befürchtungen nicht richtig wären und die Seidenraupenzucht in Deutschland florieren könnte. Durch den Import der Seide gehen viele Millionen deutschen Geldes ins Ausland und stärken dieses. Außerdem könnte die Seidenraupenzucht manchem Arbeitslosen, den die wirtschaftliche Depression verdienstlos gemacht hat, wenigstens zeitweise Verdienst und Auskommen bieten.

---

# VIII. Literatur.

Bolle, Joh., Die Bedingungen für das Gedeihen der Seidenzucht und deren volkswirtschaftliche Bedeutung. Berlin, Paul Parey, 1916.

— Der Seidenbau in Japan. Wien, A. Hartlebens Verlag, 1898.

— Der Seidenspinner des Maulbeerbaums. Wien, Selbstverlag des Vereins zur Verbreitung naturwiss. Kenntnisse, 1899.

Bujatti sen., Franz, Geschichte der Seidenindustrie Österreichs. Festschrift der Seiden- und Wolltrocknungsanstalt in Wien. Wien, Jos. Eberle & Co., 1895.

Colombo, Dott. Guido, Sunto delle lezioni di Merceologia e Tecnologia dei Bozolli e della Seta. Milano, Fratelli Lanzani, 1917.

Dammer, Dr. Udo, Über die Aufzucht der Raupe des Seidenspinners mit den Blättern der Schwarzwurzel. Frankfurt a. O., Trowitzsch u. Sohn, 1916.

Doehner, Herbert, Ein neues Wollmeßverfahren. Diss. a. d. Techn. Hochschule München 1925.

Gavazzi, Das Problem der Seidenzucht in Italien 3, II 1916.

Gebbing, Dr. Joh., Seidenraupenzucht. Leipzig, R. Voigtländers Verlag, 1925.

Harz, C. O., Eine neue Züchtungsmethode des Maulbeerspinners. Stuttgart, Enke, 1890.

Heermann, Prof. Dr. Paul, Färberei und textilchemische Untersuchungen. Berlin, Julius Springer, 1923.

— Mechanische und physikalisch-technische Textiluntersuchungen. Berlin, Julius Springer, 1923.

— Technologie der Textilveredelung. Berlin, Julius Springer, 1921.

Hertwig, Richard, Lehrbuch der Zoologie. Jena, Fischer, 1919.

Herzog, Prof. Dr. A., Die mikroskopische Untersuchung der Seide mit besonderer Berücksichtigung der Erzeugnisse der Kunstseidenindustrie. Berlin, Julius Springer, 1924.

Höhnel, Franz Ritter von, Mikroskopie der techn. verwendbaren Faserstoffe. Wien-Leipzig, Hartlebensverlag, 1905.

Hölken jun., Dr. Martin, Die Kunstseide auf dem Weltmarkt. Berlin, Julius Springer, 1926.

Honda, Iwajiro, Silk-Industry of Japan. Yokohama, The Imperial Japanese Silk Conditionary House, 1909.

Kertesz, A., Die Textil-Industrie Deutschlands im Welthandel. Braunschweig, Friedr. Vieweg & Sohn, 1915.

Küller, Paul, Wilde Seiden Afrikas. Berlin-Friedenau, The African Silk Corporation Ltd. London 1913.

Lehmann, Prof. Max, Die afrikanische Seide, ihre Eigenschaften und Verwendung. Krefeld, The African Silk Corporation Ltd. London 1913.

— Seide und Samt. Bd. 3. Hannover, Textilbücherei Verlag Hein & Co.

Maas, Prof. Dr. Otto, Bemerkung zur Einführung der Seidenzucht in Deutschland. Berlin, Paul Parey, 1916.

Meinecke, G., u. W. v. Bülow, Seidenzucht in den Kolonien. Berlin, Deutscher Kolonialverlag, 1901.

Michael, Herb., Die Zucht des chinesischen Seidenspinners, in Abderhalden, Handbuch der biologischen Arbeitsmethoden Abt. IX Teil I 2. Hälfte Heft 3. Wien, Urban & Schwarzenberg, 1926.

Payen, La sériciculture et la filature de la Soie. Lyon 1910.

Provasi, Achille, Filatura e Torcitura della seta. Milano, Ulrico Hoepli, 1905.

Rosenzweig, Adolf, Serivalor. Wien-Verlag des Verfassers 1904.

Schultze, Dr. Arnold, Die wichtigsten Seidenspinner Afrikas. The African Silk Corporation Ltd. London.

Seitz, Prof. Dr. Albert, Seidenzucht in Deutschland. Stuttgart, Verlag des Seitzschen Werkes, 1918.

Silbermann, Henri, Die Seide. Leipzig, H. A. Ludwig Degener, 1897 (und die dort angegebene Literatur).

Soresi, Norme Elementari per L'allevamento del baco da seta Premiato Tipographia Agraria 1925.

Stirm, Dr. Karl, Chemische Technologie der Gespinnstfasern. Berlin, Gebrüder Bornträger, 1913.

Ullrich, Ing. E., Spinnplan über die Herstellung der Seidengarne. Verband ehemaliger Webeschüler Krefeld, Sonderdruck 2.

Wheeler, Commerce Reports Trade Information Bulletin.

Wilckens, M., Grundzüge der Naturgeschichte der Haustiere, neu bearbeitet von J. O. Duerst. Berlin, Paul Parey, 1905.

Anmerkung: Den größten Teil der erwähnten Literatur konnte ich in der Seidentrocknungsanstalt Krefeld (Rhld)., Wilhelmstr. 5, einsehen.

## Zeitschriften.

### Handbücher, Broschüren.

Assoziazione serica Italiana, Racolto Bozzoli, D'Italia. Milano 1925.

Badische Blätter für angewandte Entomologie, Freiburg, Bd. II Heft 1 u. 2.

Bestimmungen und Satzungen für die öffentliche Seidentrocknungsanstalt Krefeld.

Deutsche Handbücher.

Entomologische Rundschau Jahrg. 33 Nr. 3.

Gutachten der Industrie und Handelskammer Krefeld 1925.

Jahresbericht der Seidentrocknungsanstalten Krefeld, Elberfeld, St. Etienne, Lyon, Mailand, Zürich, Basel.

Konsulatsberichte 1925 von Italien, Spanien, Rußland, Japan, China, Türkei (unveröffentlicht).

L'agricultura Milanese 3. Jahrg. Nr. 22.
La soie de Lyon.
Manchester Guardian Commercial.
Die Niederschriften der DLG., betr. Seidenraupereien in Deutschland.
Die Seide. Fachblatt für Seide, Samt- und Bandindustrie. Jahrgänge 1916, 1927.
Spinner und Weber, Leipzig.
Statistique de la production de la soi en France et à l'Etranger (Syndicat de l'Union des Marchands de soie de Lyon).
Textilwoche, Berlin.
Textile World, London.